U0754512

所谓成长

就是逼你

学会坚强

慕容雪
著

台海出版社

图书在版编目（CIP）数据

所谓成长 就是逼你学会坚强／慕容雪著.—北京：
台海出版社，2018.8
ISBN 978 – 7 – 5168 – 2010 – 0

Ⅰ.①所… Ⅱ.①慕… Ⅲ.①成功心理 – 通俗读物
Ⅳ.①B848.4 – 49

中国版本图书馆 CIP 数据核字（2018）第 158517 号

所谓成长 就是逼你学会坚强

著　　者：慕容雪

责任编辑：武　波　　　　　　装帧设计：天下书装
版式设计：天下书装　　　　　　责任印制：蔡　旭

出版发行：台海出版社

地　　址：北京市东城区景山东街 20 号　邮政编码：100009

电　　话：010 – 64041652(发行，邮购)

传　　真：010 – 84045799(总编室)

网　　址：www. taimeng. org. cn/thcbs/default. htm

E – mail：thcbs@ 126. com

经　　销：全国各地新华书店

印　　刷：三河市人民印务有限公司

本书如有破损、缺页、装订错误，请与本社联系调换

开　　本：880 × 1230　　　1/32
字　　数：188 千字　　　　　印　　张：8.5
版　　次：2018 年 9 月第 1 版　印　　次：2018 年 9 月第 1 次印刷
书　　号：ISBN 978 – 7 – 5168 – 2010 – 0

定　　价：38.00 元

　　不知你是否留意过，每一次从阴暗中走出来，我们的内心都会强大一点，下一次不再容易受伤，下一次会很快恢复阳光。这就是成长，成长就是生命中的苦难逼着我们学会了坚强。

　　在每个年轻的心里，成长总是一件充满仪式感的事情，谈一场轰轰烈烈的恋爱，然后失恋，悲痛欲绝之后瞬间长大。但后来我们渐渐发现，成长总是来得慢条斯理又让人猝不及防。成长是一趟漫长的旅途，不把路上该走的坑坑洼洼都走完了，不把该摔的跤都摔够了，成长是不会完成的。

　　曾在网上看到过这样一段话："人会长大三次。第一次是在发现自己不是世界中心的时候。第二次是在发现即使再怎么努力，终究还是有些事令人无能为力的时候。第三次是在明知道有些事可能会无能为力，但还是会尽力争取的时候。"

　　三次长大，第一次长大经历了失望，第二次长大品尝了绝望，第三次已经完成了蜕变，学会了坚强。

　　成长旅途中的苦难没人喜欢，没有人愿意出身贫穷，没有人愿意经历挫折，没有人喜欢孤独，也不会有人愿意一个人去和整个世界为敌。但命运是残酷的，那些我们讨厌的东西往往会出现在我们生命里。贫困的我们总是遇到挫折，总是与孤独相伴，很多时候不得不去迎战整个世界。

命运的齿轮运转不息，降临到我们生命里的苦难是躲不掉的，每一次苦难都是逼着我们去学会坚强。经历苦难是一个人终身的修行，也是一个人成长最好的方式。有人把它发展成了一门学科——后创伤学，这门新兴的学科证明了一个道理：凡是不能将你杀死的，只会让你变得更强大。

贫穷的出身逼着我们去逆袭华丽的人生；无处不在的挫折让我们把自己活成了一个励志的故事；从孤独中走出来，我们更加笃定和沉稳；纵然一个人去迎战整个世界也会逼自己向前，所有的伤痛都一肩承担。

这，就是坚强。

变得强大不是好勇斗狠，只是为了在层出不穷的苦难中生存下去，而生存的法则只有一个——弱肉强食。想要在这个世界生活下去就要对自己狠一点，逼自己强大起来。你要知道，竞争早已开始，你的身后是一片无路可退的悬崖。没有人会傻到等着对手变得强大，想要获胜唯一的办法就是逼自己强大一点，再强大一点。

要知道，很多时候，胜负只在毫厘之间，多坚持一会就会多一点强大，正如明代著名思想家、哲学家王阳明先生所说："人之气质，清浊粹驳。有中人以上，中人以下。其于道，有生知安行，学知利行，其下者，必须人一己百，人十己千。及其成功则一。"

在这场竞争中决定着胜负的不是出身和命运，是坚持。

当然，世间也不是处处都是残忍和斗争。这个世界还有柔情的一面，要相信，在你看不见的角落里总有一个人在默默地保护着你，相信总能遇到一些不期而遇的温暖，到那时你会说："这个世界原来如此美好！"正是这些美好给了你坚持的勇气和活着的希望。

也正如《陪安东尼度过漫长岁月》中写到的："人生，总会有不期而遇的温暖，和生生不息的希望。"成长路上有伤痛就有感动，有山重水复就有柳暗花明，成长路上的一切都是为了让人学会坚强。

也正是经历过的我们才明白，所谓强大是一种刚柔相济的状态，一颗真正成熟而强大的内心总是能"享受得了最好的，也忍受得了最坏的"。既有一双扛起一切苦难的肩膀，又有一副宽容温暖的胸襟。

在背后支撑着这一切的都只是坚强。

本书写给那些正在成长路上的人，写给那些正在经历着失望和绝望、孤独和伤害、痛苦和无助的人，无论你在哪，无论你正在经历着什么，你都要记住，眼前的一切，都只会让你变得更加坚强。

目录 ↑

谁不是一边受伤，一边学会成长

1. 那些煎熬与彷徨，谁都会有

没有人可以拍着胸脯，自信满满地告诉别人："付出了，就一定会收到想要的回报。"年轻时的付出往往换来的是失望，失望总会让人感到煎熬和彷徨。

毕业后，她想考公务员，所以就一直在家专心复习，争取在半年后的国考中登第，但成绩出来后她非常失望，两门考试都只是一个算不上中等的成绩，距离进入面试还有不小的差距。

半年来同学们深造的深造，工作的工作，都明确地走入了人生的下一个阶段。国考失利的她感到无限的彷徨，家里人劝她找一份相对轻松点的工作，一边积累工作经验一边复习，为下一次的省考作准备。

她听取了大人的话，工作之余也精心准备着考试，在第二年的省考中她顺利通过了一系列的考试当上了一名行政人员。

入职后半年，她又对眼前的工作失望了。在她的认识里，公务员的工作无非就是处理处理文件，待在办公室就可以轻轻松松地完成，而事实上，她需要与不同的人群打交道，而缺乏人生阅历的她总是处理不好和他们的关系。

她不明白，为什么有的时候自己明明没有任何错误，领导却要当着那么多人的面毫不留情地批评她，还要求她去道歉。

有一次一位来办事的人提出了一些无理的要求，她又正逢心情低落，对方不满她冷淡的态度就告到了上级，她本想上级会体谅她的工作，谁想那位举报的人被请到办公室喝茶，而她却在一边受着领导更加严厉的批评。

在挣扎了半年后她辞掉了公务员的工作，下一步该何去何从她至今没有明确……

每个人都曾无比坚定地相信："该来的早晚会来，总有一个美好的未来原封不动地放在那里，等着我去开启。"直到残酷的现实把原本牢不可破的信念敲打得支离破碎，生活陷入了一种煎熬中。一片迷茫的人生路让人感到无力和彷徨。

年轻时的煎熬和彷徨并不罕见，可以说它是每个年轻的生命中必不可少的成分，度过了这段煎熬和彷徨，人生的道路将无比开阔和明朗。

彷徨和煎熬终究是要过去的，未来神秘的面纱也终究会被揭开，在人生的下一个阶段，你会以怎样的姿态走上一条怎样的路，完全取决于那段彷徨和煎熬，年轻时的彷徨与煎熬是考验也是磨炼。

蝴蝶破茧的那一刻如果凭借了外力则不能拥有一双结实有力的翅膀，年轻时的彷徨和艰难不能投机取巧，在彷徨和煎熬中你投入了怎样的态度，人生就会给你怎样的未来，很多时候，付出之所以迟迟不见回报并非曾经的努力完全付之东流，你要相信，有的东西也许只是在赶来的路上。

用平静的心态去坚持，永远满怀希望，彷徨和煎熬总有一天会过去，相信当人生褪去了迷茫和神秘，它就会给你一个闪闪发光的未来。

2. 谁的青春没犯过几回错

网上有一句话说得很好："世上最无效的努力，就是对年轻人掏心掏肺地讲道理。"有些东西是语言无法传达的，只有亲身经历过才会懂得其中的微妙，青春就是用来经历的，经历就不要害怕犯错。

1876 年，一位叫威廉·瑞格理的年轻人只身来到芝加哥谋生，他没有学历也没有一技之长，只能做一些零散的工作。

他的第一份工作是兜售肥皂，一段时间后他意外地发现发酵粉卖得格外好，他把卖肥皂赚来的钱全都买了发酵粉，幻想着狠狠地赚一笔。当他带着发酵粉出去卖的时候他发现自己的这个决定是错误的，遍地都是卖发酵粉的，刚开始卖的他根本没有优势。

看着手里的一大堆发酵粉，他犯了难，如果再不卖出去，他将赔得血本无归，他索性将错就错，把身边的两大箱口香糖拿出来，当作顾客购买发酵粉的赠品无偿赠送。他贴出了"买一包发酵粉，送两包口香糖"的广告，发酵粉终于被处理完了。

在处理发酵粉的过程中他发现口香糖是个赚钱的产品，虽然利润少但是销量惊人，他把手里的钱都拿出来，改行卖起了口香糖。随后他发现市场上的口香糖不能满足人们的需求，他又把全部家当拿出来办起一个口香糖厂，他要推出一款革命性的口香糖。

当厂子开始运作后他发现自己的产品卖得很不好，原因就在于市场早已被几个老牌口香糖垄断，很难让人再去接受他的产品，他再一次为自己的错误决定感到懊恼。

懊恼归懊恼，厂子已经办起来了总得干下去，为了让产品被更多的人接受，他四处搜集来民众的联系方式，给每人寄去四块口香糖和一份意见表，一夜之间他的口香糖成了美国的热门话题。

这个口香糖就是后来风靡全球的"箭牌"口香糖，即便是成功后，"箭牌"口香糖也一直在犯错。20 世纪 60 年代，公司在保健口香糖上的错误决策一度把"箭牌"推上舆论的风口浪尖，后来收购竞争对手的决定也让公司陷入严重的危机。

但是，今天，在全世界的各个角落都能见到"箭牌"口香糖的身影，它已经融入了世界人民的生活中。

年轻人总喜欢向所谓的"过来人"请教避免走弯路的秘诀，但是人生的路，靠问是问不出来的，该走的路一步都不能少，该撞的墙一面都不能缺，年轻不能急着走捷径，不把该犯的错都犯完了人生就不会圆满。

世上的一切都不是免费的，在学校里学习知识要收学费，犯错也会有一定的代价，犯错的代价就是受伤。就像学到的知识会变成你赖以生存的技能一样，犯错后受伤所带来的收获也是人这一辈子必不可少的。

有人说："别在应该桀骜不驯的年纪端庄地活着。"青春就是用来浪费的，不用担心会犯错、会受伤，伤得越狠对人生的感悟越深，人的生命才越充实。那些犯过的错、受过的伤总有一天会以另一种形式出现在你的生命中。

苗总刚到北京的时候什么都做过，却没把任何一件事情做好。在各种类型的杂志社做过编辑，当过记者，跟着剧组当过龙套演员，实在生活不下去了又去跑起了销售。

在杂志社的时候他负责的稿子频频出错，写一篇文章迟迟写不出来。做了记者又抢不到新闻热点，采访过程中处理不好和采访对象的关系。在剧组里跑龙套因为不懂保护自己频频受伤，做销售还因为完不成额定业绩被炒鱿鱼。

偶然的机会他把自己写的故事发到了网上，一些网友看过后给他留言请他继续写下去，他就这样稀里糊涂地开始了自己的创作生涯。他把当年的经历和感悟都写进了故事里，这些从现实中提练出的文字受到了越来越多人的欢迎。

他索性辞职做了一个自媒体人，他的公众号从来没有过推广，优质的内容吸引来了越来越多的粉丝，现在他已经是一个自媒体达人，有着不错的收入。

曾有人跟我说过："你会永远记住并感谢你人生中的第一个老板，因为你在他那里犯下的错误最多，也成长最多。"成长永远是以犯错为前提的，老话说"吃一堑，长一智"，没有犯错哪来的成长。

年轻就应该大胆天真，青春就应该不怕犯错。不要总是问："值得吗？""有用吗？""万一犯错了怎么办？"人生中的一些经历是躲不掉的，今天侥幸绕过去的明天会补上，成长是一个个经历堆砌起来的。

没有不犯错的青春，年轻人要大胆地去犯错，自信地去犯错，年轻不仅要犯错，还要犯几个对得起青春的错。

3. 你永远不是最惨的那一个

不管你正在经历怎样的不幸都不要绝望，那些你认为难以度过的苦难对于别人来说也许并不算什么，在这个世界上你永远都不会是最惨的。正如作家饶雪漫说的："不管你惨到什么地步，你都不一定是最惨的那一个。"

你绝望地对我说你的生命很惨，我相信，但请你也要相信，你永远不是这个世界上最惨的。这个世界从来不缺乏惨淡的人生，谁没有过被苦难折磨得求生不得求死不能的时候。也许那些被你羡慕的人，背后隐藏着巨大的痛苦。

一贫如洗的他总羡慕那些有车有房有老婆的人，那时候他不仅买不起房，甚至房租都付不起，别人开的是"奥迪"，他却骑着一辆二手的"雅迪"。

这辆二手的"雅迪"帮他上班下班，但也让他忍受上下班途中的冷眼。一天早上，他起得有点晚了，赶忙出门，骑着他的坐骑向单位赶，急中出乱子，大冬天骑车忘了戴手套。他一边赶路一边骂自己愚蠢。

过路口时突然窜出的一辆电动车把他撞到了，手磨破了皮不说，他的坐骑也"伤得不轻"，再一看对方，除掉了点漆之外毫发无损，他顾不上跟对方较劲，扶起电动车就赶路，谁知这个不争气的破车刚走了十来米就走不动了。

这时他看到路边一对年轻夫妇从高档小区里走了出来，一起上了一辆豪车，眨眼间消失在了他的视线里。他没时间感慨自己的悲惨，把电动车扔到一边就向着公司冲去，最后还是迟到了。

下班后他向哥们说了今天的遭遇，一边抱怨命运的悲惨一边羡慕那对年轻夫妇开豪车住豪宅。朋友却说："那对夫妇我知道，别看他们表面光鲜，俩人也不容易，他们的独子得了脑癌，夫妻俩倾家荡产也没治好，他们的豪宅和豪车早过户给了别人，他俩不过是暂时使用而已。"

正在生死间挣扎的你看到世人脸上都是幸福笑容，在你的眼里茫茫人海中只有自己被上天的怜悯抛弃，但你要知道，在你不曾留意的角落，在你看不见的地方，总有人正在经历着更为痛苦的人生。

他们的人生比你更为惨烈，但他们的生命却远比你要精彩，惨痛的经历会出现在每个生命中，但生命却并不因那些惨痛的经历而卑微，而泯灭。相反，正是那些惨痛的经历让原本平淡的一生变得非凡，让原本脆弱的生命变得强大。

克劳迪奥·维埃拉出生时他的脑袋就是倒扣着的，这意味着他永远看的是背后的风景，并且是倒过来的，除此之外他的四肢严重变形。他出生时，医生曾向他母亲提出让他无知觉地离开这个世界的建议。

按常理，他的出身决定了他的命运一定会很惨，但在不懈的努力和坚持下，他逐渐学会了读书、写字、使用手机和电脑，甚至取得了费拉迪圣安娜州立大学的会计师资格证，成了一名会计。

40岁的时候，他出版了自己的书，这本书是他用嘴咬着笔一个字一个字敲出来的，还被巴西东南部圣保罗的艺术博物馆收藏。克劳迪奥·维埃拉说："在我的生活中，我能使我的身体适应这个世界。现在，我并不认为自己是不同的，我只是一个正常的人。之前谈论作为一个公共演说家出现还总是不自在，现在这些事情都更容易处理了，我不害怕了，我可以说我的专业，也可以思考成为一个国际公众演说家，我收到了来自世界各地的邀请。"

惨痛的命运不能成为堕落和消沉的借口，那些正在经历更为惨痛的人还在努力生活，我们有什么理由放弃自己。所有的惨痛都会有过去的一天，所有的困难都会有解决的办法。只要生命还在继续，就有理由不放弃。

伟大的音乐家很多，但贝多芬只有一个，这是因为他的失聪；伟大的科学家很多，但霍金只有一个，这是因为他的瘫痪；纵横天下的军事家有很多，但孙膑只有一个，这是因为他的残疾。

庄子说："哀莫大于心死，而人死亦次之。"惨烈的人生并不是最可怕的，真正可怕的是自己放弃。经历过的惨痛并非都是生命的阻力，它还是生命的一种加持，把平凡的人变成了英雄。无论正在经历着怎样的惨痛，都要告诉自己"不过如此"，让这些惨痛的经历成为你独有的标签，助你成就伟大的人生。

4. 人生重要的不是鸡汤，是挫折

寒冬腊月，一碗热气腾腾的鸡汤不仅让人口齿留香，还让饱经风霜的人忘记外面的风雪，沉醉在这短暂的美妙中。但鸡汤只能带来暂时的欢愉，外面的世界仍然狂风呼啸，相对于一碗鸡汤，更需要的是一个巴掌，一个能把人拍醒的巴掌，一个能让人前进的巴掌。

电影《后会无期》中有这样一句台词："听过很多道理，却仍然过不好这一生。"任何感性的鸡汤在残酷的现实面前都是不堪一击的。与其让鸡汤麻痹自己的神经，不如敞开胸怀迎接更多的风雪，经历更多的挫折，挫折才能让人成长。

32岁的伯尼·巴姆巴利是英国皇家陆军第4步枪营的一名上尉，他曾参加过伊拉克战争，并获得了"伊战英雄"的称号，出身军旅的他不仅在军事指挥方面拥有杰出的才能，还热衷于滑雪运动。在滑雪场上他同样优秀，凭着一腔热血和长期的训练他成为了一名业余的滑雪运动员。

一次，伯尼参加了在"太阳之都"瑞士的滑雪胜地圣莫里茨举行的雪橇滑雪比赛，比赛中他从陡峭的雪道上以超过130公里的时速滑过，在靠近终点时，他的右腿不慎撞上一根金属标杆。因为速度太快，金属标杆像利刃一般把他的右腿齐刷刷地斩下，当时正处于飞速滑行的他浑然不知。

直到伤口传来剧烈的疼痛才让他停了下来，随后被送往了医院救治。医务人员在雪地里找回了他的断肢，并请来瑞士最著名的医生为他做高难度的接肢手术，手术先后一共进行了九次才得以完成。

手术后，主刀医生告诉伯尼两年之内不能下床，伯尼听到后马上要求切除断肢，改装义肢，他的理由是："截肢只会让我的余生过得更好，而且可以在最短时间内重返战场。真希望一年之后，我又能带兵了。"

接回去的断肢就像一碗心灵鸡汤，它能给人安慰，但它不会对接下来的生活有任何帮助，相反，它还可能会成为生活中的累赘，鸡汤也是如此，那些心灵鸡汤让我们变得麻木不仁，沉醉在一种虚无的美梦中，它只会让我们的意志变得脆弱。

所以，必要的时候我们要敢于拒绝鸡汤，选择挫折，让人生在挫折中焕发出新的光彩。

1997 年，一个平凡的孩子因为意外触电失去了双臂，也正是从那一刻起，他的生命开始变得不再平凡。

受伤后半年的时间里，小男孩学会了用脚刷牙、吃饭、写字，两年之后他重新回到了学校，并且仍在原来的班级，在期末考试中他依旧保持着前三的成绩。19 岁那年，他迎来了高考，但他没有选择参加那场被称为"人生分水岭"的考试，而是选择了钢琴。

选择了就要坚持，从此他把所有的精力都投在了钢琴上。每天坚持练琴七个小时，别人用的是手，他用的是脚。2008 年，刚刚练琴一年的他在北京电视台《唱响奥运》的节目中登台，并与刘德华合唱了一首《天意》。

到了 2010 年，他参加了中国达人秀，他空着袖子走到舞台上，用双脚演奏了一曲《梦中的婚礼》。琴声停止后，全场爆发出雷鸣般的掌声，评委问他："你是怎样做到的？"他说："我觉得我的人生中只有两条路，要么赶紧死，要么精彩地活着。"

同年他还参加了央视《正大综艺·吉尼斯世界之夜》节目，在一分钟内打出 231 个字母，并赴意大利参加世界吉尼斯纪录，创造了用脚一分钟打出 251 个英文字母的世界纪录。此外他还参演了电影《最长的拥抱》、电视剧《我的灿烂人生》，并在 2011 年出版了书籍《活着已值得庆祝》，他就是无臂钢琴师——刘伟。

成就一个人的永远只能是挫折，选择挫折就是选择了历练，最开始的挫折会让人痛苦，身处其中的我们也很容易羡慕那些生活安逸的人，他们虽然同样胸怀梦想，但他们实现梦想的方法却是不断地接受心灵鸡汤的刺激。

在心灵鸡汤的刺激下他们扬扬自得，各自做着各自的美梦，他们鄙视我们这些身处苦难的人。但是梦终究是虚幻的，现实从不会因为做梦而改变，当梦醒时分，当初选择挫折的我们也许已经成为了他们梦中的模样，而大梦初醒的人却不得不被迫走上那条格外艰辛的历练之路。

长期被心灵鸡汤刺激着，他们的精神总是处于一种兴奋状态，而他们的肉体却在不知不觉中衰败，当真的身处挫折时，残酷的现实会让他们那外强中干的精神瞬间崩溃，也会让他们柔弱的肉体瞬间摧毁。

鸡汤就像是麻醉剂，它只能暂时麻痹人的神经，让人暂时性地避开剧烈的疼痛，但药效褪去的那一刻，错过的疼痛仍在那里等着你，它会一点不少地再还给你。

5. 生命的奖赏从来不在起点

人生像一场舞台剧，不到谢幕，永远不知道能收获多少掌声，生命的奖赏只会降临在旅途的终点，而不会在起点附近，任何事情都不要过早放弃，因为很可能下一步就是成功。

虽然张爱玲说过："出名要趁早，来得太晚的话，快乐也不那么痛快。"很多年轻人急于求成，把人生当成了百米冲刺，为了赢在起点而拼尽了全力，但人生是一场马拉松，输在起点并不可怕，在漫长的比赛中你有的是翻盘的机会，反倒是那些只争朝夕的选手，很可能会因为过早地耗尽体力，节奏被打乱而不能跑到终点。

村子里有两位贫穷的年轻人，为了解决两人的生计问题，村民们雇用两人为挑水工，每天把附近河流中的水挑到村子里供村民使用。工资按桶计算，两个小伙子年轻力壮，每人一天都能挑 100 桶，这样每天都可以获得相当不错的收入。

其中一位年轻人对这份工作十分满意，这份工作给他带来了稳定的收入，他坚信几年后他能为自己盖起一所新房子，还能娶到一个媳妇。果然，没几年他的愿望全都实现了，他住进了小楼，有了一个属于自己的家庭。

另一位年轻人接到这份工作的时候也曾开心地手舞足蹈，但工作了一段时间后他开始忧心忡忡，高强度的体力劳动让他担心起年老体衰之后的问题。那时肯定不能再这样挑水，也就不会获得这样多的收入。经过反复思量，他决定挖一条水渠，把河流中的水引进村子里来。

从此以后他白天挑水，晚上抽出一点时间来挖水渠，挑水赚到的钱也全都投入到了这条水渠中。几年后同伴已经有了自己的房子和家庭，过上了幸福的生活。他仍然是一贫如洗，两人每次碰面他都会被当初的同伴嘲笑："每天瞎折腾，同样是挑水的，你现在还是这副德行。"

一晃十年过去了，他的水渠终于竣工了，源源不断的清水从河流经水渠流到村子里，他不再挑水，而是在水渠的出水口处建了一个收费站。

此时，当初一起挑水的两个人都已经过了中年，体力都大不如前，原先过着幸福生活的那位挑水工每天挑水的数量变少了，收入也随之减少，生活日渐窘迫，而那位一直穷困的挑水工，现在却每天优哉游哉地坐在自己的收费站里，大把大把地获取财富。

输在起点并不可怕，一时的胜败也不足以患得患失。忍辱负重，能笑到最后的才算得上是人生真正的赢家。"赢在起跑线上"不仅是家长对孩子的要求，也成了我们每个人奉行的人生准则，我们总是着急着去胜过别人，凡事都想着先别人一步而行，过早而又盲目地把时间和经历投入到起跑线上。但人生拼的不是爆发力而是耐力，起步时耗去过多的能量就可能导致在漫长的征程中没了后劲。

王安石在《伤仲永》中讲过这样一个故事：在金溪，有个叫方仲永的农民，自幼聪慧，五岁便能写诗，他写的诗受到了同乡秀才的好评，从此就时常有人指定事物让方仲永作诗，他写出的诗文采和道理都讲得很好。

渐渐地方仲永的名声大了起来，不少人甚至花钱请他写诗。因为家境贫寒，父亲见儿子写诗能挣钱便带着他四处走访写诗卖艺。

很遗憾，到了二十多岁的时候方仲永的诗文已经变得很普通，没什么可鉴赏的。又过了几年，那个当初能写诗的神童已经变成了普通的农民，再也写不出优美的诗文。

人生是一场不知终点的长途跋涉，我们不知道要走多远才能走到尽头，因为不知终点在哪，很多最开始迈着矫健步伐的竞争者走着走着就绝望了，最终放弃了这趟旅途，退出了竞争。

人生的魅力不仅在于漫长，还在于它的不确定性，慢慢来，摸索着前进才能收获更加丰富的人生，那些过早锁定胜局的人不仅是对自己潜能的扼杀还是对人生的浪费。也许起跑时的出众让他们赢得了观众的喝彩，但过早地被淘汰让他们无缘后面的风景。

最后的赢家永远属于那些一直走下去的，也许他们走得并不快，但他们一刻都不曾停止，精疲力竭的时候、内心绝望的时候，不断提醒自己"走下去"，每多走一步都在缩短与目标之间的距离，终点很可能就在下个路口，最终在旅途的终点，他们赢得了人生的奖赏。

6. 贫穷的痛，逼着你逆袭人生

意大利人文主义杰出作家薄伽丘说："贫穷不会磨灭一个人高贵的品质，反而是富贵叫人丧失了志气。"在中国有句这样的老话："穷人的孩子早当家。"贫穷从来都不是人生路上的阻碍，它是一种财富，贫穷逼着我们去和命运抗争，抗争才有逆袭的可能。

她出生在一个普通的渔民家庭，14 岁那年父母出海打鱼，渔船不慎触礁沉没海底，所幸二人凭着良好的水性拼命游到一块礁石上才保住了性命。

命是保住了，但没了渔船等于断了生路，家里欠下的巨额债务就没有办法偿还，无奈只能把房子抵押出去了。为了帮着家里还债，读初中的她边上学边打工，课余到冷库里去剥虾，因为剥得不干净，年幼的她经常被老板骂哭。

终于熬到了初中毕业，女孩离开了学校，去了外地的服装厂打工，后来母亲心疼她又把她叫回到身边，在一家每月工资只有 600 元的饰品店里找了份工作。微薄的薪水让她的生活入不敷出，不久她辞职了。

女孩又东拼西凑借了一笔钱开了一家服装店，却因经营不善连连亏损，服装店最终还是关门了。后来她又开了间皮鞋店，这次她总算是小小地赚了一笔，但她把赚到的钱全都用在了学习上，生活上依旧潦倒。

偶然的机会女孩发现父母做的海产品备受外地人的青睐，她决定在这方面下下功夫，先是注册了一个商标，经营起一个仅有五个工人的小作坊。后来慢慢地越做越大，工人也越来越多，她建起了自己的冷库、加工车间和办公场所。

现在她每天都会收到来自全国各地的 200 多个订单，月收入达到了 20 万以上。

一个人将拥有怎样的一生从不取决于他的出身，贫穷不是平庸的借口。富裕的家庭、高贵的出身固然会给一个人带来优厚的资源，但世事无常，没有人能保证好的出身就一定有好的未来。真正杰出的人是能将抛来的柠檬变成柠檬汁出售的人。

《超级演说家》中有过这样一段演说："有些人出生就含着金钥匙，有些人出生后连爸妈都没有，人生跟人生是没有可比性的，我们的人生是怎么样，完全决定于自己的感受。你一辈子都在感受抱怨，那你的一生就是抱怨的一生；你一辈子都在感受感动，那你的一生就是感动的一生；你一辈子都立志于改变这个社会，那你的一生就是斗士的一生。"

有的时候，贫穷只是一种以不一样的形式而存在的财富，贫穷和财富往往仅有一线之隔，关键在于面对贫穷我们怀着怎样的心态，破罐子破摔将一辈子贫穷。奋起努力，与命运抗争，与贫穷较劲，你的生命将比那些出身优越者更加耀眼。

一位身家过亿的老总在媒体上曾讲述自己的故事。说他小时候家庭条件并不好，母亲没有工作，全家的生计都指着父亲那点可怜的薪水。上体育课，班上的同学们都带纯净水喝，为了让他不丢面子，母亲给他找来一个纯净水瓶子，洗干净，每次都在里面灌满凉白开让他带到学校。

有一次，一位好朋友忘了带水，向正在喝水的他索取一口水喝，这位同学喝了一口后大声说："这哪是纯净水，瓶子里分明是灌满的凉白开。"好朋友的话引来同学的一阵嘲笑，他羞得无地自容。

回家后他冲着母亲大发脾气，母亲问明原因后对他说了一段话，这段话让他终生难忘。母亲说："孩子，咱家的确穷，但穷不是错，没有必要因为咱们穷就觉得低人一等，穷没有必要隐瞒。咱们虽然艰苦，但并不需要别人的可怜，反倒是那些嘲笑咱们穷的人，他们祖上三代也好不到哪去，没有哪家是天生的暴发户。再穷也不能自己看不起自己，如果你自己都看不起你自己，还有谁会看得起你，那你会穷一辈子的。"

后来这位老总依旧带着凉白开去上课，同学们还会经常嘲笑他，当他再次面对同学们的嘲笑时他不再羞愧，他会大声地告诉嘲笑他的同学："是凉白开没错，但我觉得它比矿泉水更有滋味！"

　　穷并不是一件丢人的事情，极力掩盖贫穷是一种心理不健全的表现，是一种"心穷"的表现，老话说"人穷志不穷"，人穷点不可怕，一旦"心穷了"将一辈子难以翻身。

　　电影《新上海滩》中这样的一段对话发人深省，冯敬尧问丁力："穷人最缺什么？"丁力答："钱，有钱可以买豪宅，可以买大轮船游黄浦江。"冯敬尧笑了笑："是野心。穷人最缺的就是成为人上人的野心，老天安排你是个穷人，如果你认命，你就会穷一辈子。这世界就是弱肉强食，嫌贫爱富，规则都是有权者制定的，如果你没野心，只会永远被他们戏弄，永远被踩在脚下！如果你不认命那就要靠你自己！终归一句话，不管什么事都要靠自己。"

　　正因为我们贫穷，我们才需要有改变命运的野心，身处贫穷的我们永远要铭记贫穷带来的痛苦，正是这贫穷的痛苦让我们逼自己去逆袭人生。

7. 在吃亏中不断成长和成熟

　　在我们的修养中向来都把吃亏看作一种好事，所谓吃亏是福。《道德经》中有这样一句话："祸兮，福之所倚；福兮，祸之所伏。"是说福和祸总是如影相随，那些吃过的亏都变成了生命的养料，滋养着我们的成长。

　　东汉的时候朝廷中有个不知名的官吏叫甄宇，他为人忠厚老实，遇到事情懂得谦让。一年除夕，光武帝开恩送每个在朝官吏一只羊。但负责分发羊的官吏发现羊的大小不一，肥瘦不均，这下让这位分羊的官吏犯了难。

这时群臣议论纷纷，有的主张把羊统统杀掉，每个官员分相同重量的羊肉，但明天就是春节，杀羊早已来不及。有的提议抓阄，以此来排出顺序依次挑选自己看中的羊，但也有一部分人不同意。

这时甄宇走出来说："我随便挑一只算了，你们看着分吧。"说完他在羊群中选了一只最瘦、最小的羊走了。看到甄宇的做法群臣纷纷效仿，后来这件事情被传到了光武帝的耳朵里，光武帝对这个甄宇大加赞赏，不久甄宇得到了重用。

在职场上浮沉，哪怕吃了一点亏也会让我们心中不满，我们总是抱怨"为什么又是我？"我们不愿意比别人多加一个小时的班，不愿意多做一点分外的工作，就连举手之劳的换桶装水、倒垃圾都要安排一张值日表，但是当公司里发放东西时，哪怕是一瓶水，我们也不愿落下，争着抢着去要。

我们总是不愿意吃半点亏，却总想着怎样去获得一些利益。刘少奇说："吃小亏占大便宜，占小便宜吃大亏。"吃过的亏就像一种财富，储存在一个看不见的银行里，终有一天它会给我们的人生带来丰厚的回报。

当代著名作家路遥是被大伯养大的，当时大伯膝下无子，路遥过继过来以后大伯把他当成亲生儿子对待。路遥自幼聪慧，大伯对他的好他从小就懂得去报答。每天放学回家后年幼的他会抢着做一些家务活。

到了十几岁的年纪，在农村长大的路遥已经是一个小伙子了，每天放学后他会和同学们一起到山上去割猪草。有一次，他和一位同学一起割猪草，俩人割了一会后，这位同学突然倒地，抱着肚子说："我突然肚子疼，你先割吧，不用管我！"

看同学痛苦难忍，路遥关切地问："不碍事吧，你别忙着割了，休息一会。"说着把躺在地上的同学扶起。同学挣扎着非要去拿镰刀继续割，嘴里还艰难地说着："我再坚持一下吧，今天割不完回去少不了一顿打。"

路遥不忍看同学忍着腹痛还去劳动，索性说："你歇着，我帮你割，反正我的马上割完了。"路遥照顾着同学在旁边的一块石头上坐下，自己开始卖力割起来，累得浑身酸疼总算是完成了两人的任务。

后来，另一位同学不知从哪里得知了这件事情，他告诉路遥："你被骗了，他总是玩这样的把戏，你又让他占便宜了。"

路遥回答道："我不认为他占了便宜，不管他是不是假装，总之他是不愿意做下去了，既然他不愿意做了我可以帮他一下啊，帮了他我心里很开心，我觉得自己并没有吃亏，他又在哪里占了便宜呢？"

正是一如既往地秉承着这样的观念，路遥对生活的感悟远比普通人要深，这使得他的作品也更加具有生命力。

践行"吃亏是福"的人不仅拥有宽阔的胸怀，还有常人没有的远见卓识。那些为了一点蝇头小利而斤斤计较的人往往会失去做人的尊严，当他为了一丁点利益而争得头破血流时，却不知多少人在背后取笑他的愚昧，人们不愿意和这样的人交往，久而久之在群体之中他被疏远了。

电影《阿甘正传》中男主角的一生处处吃亏，但他在每一行都达到了别人梦寐以求的高度。生命在某种程度上总是保持着一种投入产出的平衡，你投入了多少就会收获多少，吃亏是一种投入，投入的是自身的一些利益，最终会收获一份豁达和坦荡，这就是成长和成熟。

老话常说："吃一堑，长一智。"成长和成熟都是用一次次的吃亏换来的，而如今，我们只看到了眼前的利益，凡事过于功利，那些不能立马见效的事情我们坚决不会去做，却不知在无形中，一些珍贵的东西正悄悄地从我们身边溜走。

8. 总有一次流泪，让你瞬间长大

那一年，大学毕业，热爱音乐的他带着女友南下广州。在广州的生活很艰难，房租很贵工资很少，迫于生活他经常不得不在下班后背着吉他去酒吧唱歌，好在那时有女友在身边支持着。但没过多久，女朋友忍受不了这样的生活离开了他。

三年的感情说散就散，这对他打击很大，那段时间他做什么都提不起兴趣。一次，被同事诬陷受到了领导的批评，更让他的情绪跌到了深渊。

那天酒吧里有几个顾客很不好对付，挑三拣四故意为难服务员，他心里默默祈祷这群人不要来骚扰他。这时，几个难缠顾客中的一位突然要点歌，恰巧这首歌他不会唱，他很有礼貌地向这位顾客道歉，但这位顾客并不领情。

酒精让这位顾客口齿不清，也让他失去了理智，嘴里一边说："不会唱你来干啥，不会唱你来干啥……"一边把花生朝他这边砸。他左右躲闪引来另外几个人的哄笑，顾客以为同伴在笑他砸不中，索性拿起一大把花生都朝这边砸来。

一粒粒花生打在他的身上，他不再躲避，丢花生的这位顾客顿时哈哈大笑。忍无可忍他终于冲上去一个拳头打在了这个人的鼻子上，顿时鼻血喷涌而出。这人也不是好惹的，泼了他一杯酒后又跳起来踹他，同伴也加入了这场混战。

后来这场打斗被保安制止了，经理当着众多顾客的面把双倍的工资摔给他，让他"滚蛋"。

他背着吉他走在深夜的都市中，脸上的伤隐隐作痛，衣服也被撕得不成样子。他蹲在路边哭了……

他曾无数次地想过"把吉他卖掉，回家去吧"。但每一次从伤痛中走出来，这样的想法就会减弱一分。一年后他还在广州，还是一个人，不同的是卖掉吉他的想法不在了，他变得成熟而稳重，在职场上越来越得心应手，身边还多了一群玩音乐的朋友。

有的时候，人的不成熟是因为他始终生活在温室中，外面的严寒酷暑、风雪雷雨浑然不知。不知道这个世界上处处是尔虞我诈，不知道生活在这个世界上稍不留神就可能输得血本无归。

所以，感觉到了疼痛，这正是成长的开始。

作家桐华说："成长好像总是伴随着伤痛，是不是因为只有受过伤，才能结疤？当一层又一层的伤疤包裹在我们心上时，我们不容易再受伤，也不容易再感动，我们长大了。"成长总是与痛苦和受伤相伴的。

上个月，公司里的一个员工离职了，为此领导把做人事的她大骂一通。后来她才了解到离职的这位员工是一位高层领导安排过来的，不仅是这位领导的亲戚，还有着非常出色的业务能力，领导们都对他寄予了厚望。

除去这些因素，她反思自己其实并没有把工作做到位。刚刚进入职场半年，很多职场的潜规则还不明白，虽然每天忙里忙外却没有忙到点子上，作为公司里的一名人事，在半年时间里仅作了一次员工调查。

原本因为领导那句"你这个人事是干什么吃的"而愤愤不平的她终于心中一宽，找到了问题所在。后来的工作中她虽然还是时常犯错，但也逐渐在向着一名优秀的人事蜕变。

一个人成长最快的时候是刚踏入社会的那段时期，刚刚离开与世无争的校园，刚刚从父母的庇护中挣脱出来，在社会上一切都只能靠自己。

在职场上我们初次尝到了钩心斗角的滋味，也曾因为一些天真的想法犯下严重的错误。在生活中我们第一次知道了什么叫独立，自己的那个小小世界需要一个人去操劳，需要和房东斗智斗勇，也需要在高烧的时候独自扶着楼梯去医院。与别人交流时我们学会了把不赞同的声音留在心里，在职场上明白了凡事要多个心眼，枪打出头鸟，那些没有把握的事情是万万不能胡乱答应的。

也许我们还不能被称为一个成熟的人，但我们正朝着成熟飞奔着。

9. 所谓成长，就是学会一个人去面对

所谓成长就是学会一个人将所有的委屈一肩承担，所有的欢乐独自庆祝，所有的难过都吞进肚子里，然后回头给世界一

个波澜不惊的微笑。

　　本是一个比谁都要柔弱的女孩，家里两个女孩，姐姐大她好多岁早已嫁人，在父母身边她一直享受着宠爱的滋味，直到父亲的突然离世，一夜间她从一个小女孩转变成了大人。

　　临近大学毕业的那段时间，她只身在外地实习，深夜突然接到家里打来的电话，电话那头告诉她："你爸爸脑出血，非常危险，快回来。"她连夜赶到医院见到了父亲最后一面。

　　父亲住院的那段时间整个家里全靠她一个人撑着。没读过书的母亲身处巨大的悲痛中，对眼前的灾祸顿时没了主意，姐姐虽然年长却也不能主事，一家的里里外外都要靠她来打点。

　　母亲把家里所有的存款交给了她，这意味着从此以后她是一家之主了。一边忙着料理父亲的后事，一边还要准备毕业论文和一场重要的考试，还不时被实习单位叫回去处理事务，这一切都是在忍受着失去父亲的伤痛中完成的。

　　那段时间我去看望过她。苍白的脸上满是倦容，看到好友过来慰问，她的眼泪在眼眶中打转，但终究没让那些泪水流出来。

　　大学毕业后我们还见过一次面，她已经完全变成了另一个人，眼睛还是那么清澈，只不过多了一丝笃定和沉稳。她说那时候真的想哭，但她忍住了，她知道全家就靠她撑着，如果她倒了，那个家就完了。

　　后来她告诉我，她考试通过了，论文反复修改后也通过了，现在找了一份满意的工作。她说父亲过世后母亲性情大变，时常疑神疑鬼，为了让母亲安心地生活，她边工作边照顾母亲，她还得意地说："我现在厨艺大长，有空给你们做一桌好吃的。"

看着眼前这个女孩，我知道她的成熟只用了短短几个月，在这几个月中她经历的很多人难以承受的悲痛，也正是这些经历让她变得成熟和稳重。

感受过了那种身前是狂奔而来的千军万马，身后却空无一人的绝望才会明白很多事只能自己去面对。从千军万马中走出来后你不再是当初那个自己，下一次也许还会面对更多的敌人，但你不会再向身后看，专注眼前，寻求突围的方法便是一种成长。而成长就是受到的呵护与帮助越来越少，独自承担的越来越多，直到有一天，承担的东西远远超过了受到的呵护与帮助，并开始有能力把呵护和帮助给予别人，这时，一个人才算得上完成了成长。

小狮子从断奶后就要学习怎样获取食物，最开始它可能只需学会把肉从猎物身上撕下来，慢慢地它就要和母狮子一起去追捕猎物，最终它就要独自去捕猎。

狮子不断学习捕猎的过程也就是成长的过程，生存总是与孤独相伴，所以成长中最重要的一课就是学会独自面对。

《千与千寻》的结尾中白龙对小女孩说："我只能送你到这儿了，后面的路你要自己走，不要回头。"人生的路本就是一个失去的过程，一路上失去父母的关爱与保护，失去同学朋友的陪伴与支持，但这就是成长。

成长是一个美好的词汇，它让我们在人世间如鱼得水，处处都游刃有余，任何委屈、任何痛苦都像清风拂面般从我们的心头飘去，不再让我们感到折磨。但美好的背后是残忍的，成长就是把在别人面前流下的泪水变成一个人时奋斗的汗水；成长就是把伸向别人的求助之手变成强壮有力能保护自己和别人的臂膀；成长就是把痛苦的倾诉变成一个人欢快的歌唱。

10. 为自己负责，没人能为你的人生买单

朋友带着儿子从美国回来后，他在一个地道的家乡菜馆为朋友接风，酒足饭饱后他准备结账，结果朋友非要 AA 制，争执了一番后还是选择了 AA 制。

路上，朋友见他不开心，知道是在为刚才结账的事情生气，AA 制让他这个东家很没面子，就给他讲了一个故事。

两个孩子去户外攀岩，一个美国孩子，一个中国孩子。他们在攀爬过程中遇到了山体坍塌，两个孩子被困在乱石群中，更糟糕的是，美国孩子的一条腿还骨折了，两个孩子身上的水和食物所剩无几，眼看着天就黑了。

美国孩子开始拖着断腿向外爬，因为少了一个支撑点，他爬得很艰难，好不容易爬了一半，突然一只手没抓牢又滚落下来了，但他没有放弃，拖着伤上加伤的身体忍着剧痛，继续向外爬，后来终于爬出了乱石堆，被路过的卡车司机救起。两个孩子送到医药后检查，美国孩子胫骨骨折，身上多处淤青，但意识清醒，中国孩子已经是奄奄一息，如果再晚到医院一步恐怕就没命了。

讲到这里后，朋友的孩子看上去满脸通红，那个中国孩子就是眼前的这个孩子。归国朋友说："你知道那个美国孩子为什么能爬出来吗？"他摇摇头。

朋友说:"因为他知道那种情况下没人会为他买单!"

一个人独立生活在这个社会上,首先要学会的就是对自己的行为负责,因为从独立的那一刻开始,就没有人再为你买单。你需要为你的所作所为买单,也要为自己的生活负责。

独自在外工作,你会发现不会再有人逼着你去做什么,天冷了不会有人逼着你去穿秋裤,公司里也没有人逼着你去完成额外的任务。这是因为挨冻生病只是你自己的事情,你的健康需要自己去负责;挣多挣少也只会和你一个人的生活挂钩,你的衣食住行不会有人给你买单。

每个孩子长大后都曾听过父母这样的一句话:"你自己决定就行,我们不管你。"当时,也许我们只是沉浸在自由的喜悦中,终于可以按着自己的想法去生活了,但这句话的背后还有一句潜台词:"你今后过得怎样与我们无关,你必须学会为自己负责了。"

小狮子从断奶后就开始学习捕获食物,对于狮子而言,食物是它们生命中最重要的事情。最开始,它只是学着把肉从猎物的身上撕下来;后来它需要跟着母狮子一起去捕猎,此时它学习的是追捕;最终它将学会独自捕获一只猎物,那时便是它成熟的时候。

曾经问过公司前辈一个问题:"为什么在单位请假要比在学校容易呢?"前辈的回答很直接:"在学校你交了学费,你的安全和学业都由老师负责,无论哪方面出了问题你的父母都会找学校。在单位不一样,你请假了就没有工资,只要不影响公司运作,你挣多少都是你的事情。"

电影《肖申克的救赎》中有这样一个片段:瑞德出狱后在

一家超市打工，在监狱里习惯了什么事情都报告的他，在超市的工作中也延续了这个习惯，突然想上洗手间，他大声向负责人报告，引来一片好奇的目光。

监狱中瑞德属于被监禁的对象，狱警需要对他的行踪和安全负责，但是作为一个独立而自由的人唯一需要负责的就是自己，对自己负责就是对别人负责。一个人是和身边的人有千丝万缕的关系的，当一个人为自己的所作所为负责时自然不会对别人造成影响。

我们都是普通的个体，没有能力兼济天下，却有责任让自己平安幸福，让那些关心我们的亲人感到放心。哲学家周国平先生说："对自己的人生的责任心是其余一切责任心的根源。"唯有承担起自己行为的后果，为自己的生活买单的人才有能力承担起更大的责任。

能够对自己负责的人，首先是遇到事情不会天真地乞求别人的帮助，也不会想着去逃避，他会直面一切，一肩承担。再者他会努力让自己的生命更充实，努力让自己变得更优秀，他会合理地管理自己的精力和时间。

一个真正对自己负责的人不会随便把别人的人生扛在自己的身上，不会天真地认为自己有理由对那些不相关的人的喜怒哀乐负责，不做烂好人。那些与我们不在一个世界生活的人，他们有自己的喜怒哀乐，我们没必要屈就自己来博得他人的开心，也没有必要付出过多的怜悯。

做一个独立的人，不依靠、不躲避，但也不去过多地干涉别人，只对自己的人生负责，只为自己的行为买单。

世界如此险恶，要么狠要么滚

1. 生活远比你想象的还要残酷

电影《这个杀手不太冷》中有这样一段经典的对白，小女孩问："生活总是这么艰难？还是只有小时候是这样？"杀手回答："总是如此。"身处苦难中的人往往会安慰自己"过去就好了"，但是现实却往往并非如此，生活的苦难总是无穷尽的，它总是在人们疏于防备的时候出现。

1987 年，她嫁给了同村一位跑运输的小伙，那一年她 22 岁，丈夫 24 岁，夫妻二人风华正茂，她还有养殖的本领，婚后丈夫跑运输，她在家搞养殖，日子过得富足美满，让全村人羡慕。

生活的转变是从一年夏天开始的，丈夫突然遭遇车祸，当即不省人事，她匆忙赶到医院，看到床上重伤的丈夫，哭得死去活来。当时他们结婚才半年，她已经有了身孕。

肚子一天天隆起，本地医院对丈夫的病情已经无能为力，她挺着大肚子，带着丈夫奔波在上海、杭州等大城市四处求医，让人绝望的是这几家大医院都回复了"脊椎骨断裂导致高位截瘫，无法医治"的诊断。

她只能带着丈夫回到老家浙江上虞市章镇江沿村。

瘫痪后的丈夫从一个眉善目，整天笑呵呵的壮小伙变成了一个吃喝拉撒都要媳妇照顾的"废人"，性情不由发生了很大变化，脾气变得格外暴躁不安。

一夜间，原本让她感到温馨舒适的家庭变成一种巨大的负担，她甚至都来不及痛苦。丈夫从颈部以下全部失去了知觉，每天挺着大肚子不仅要帮着丈夫喂饭，清洗身体，处理排泄物，还要承受丈夫时不时的训斥。

正当夫妻二人痛苦不堪的时候，两个小生命的出现给这个处在破碎边缘的家庭带来了希望。她生下一对双胞胎。

孩子一天天长大，丈夫的病情需要长期服用药物，她需要经济来源支撑这个家庭生存下去。家里七亩薄田的收入完全不能满足日常的支出，她又搞起了养殖业。

接下来的生活很平静却很艰辛，丈夫的脾气仍然暴躁，两个孩子越来越调皮，养殖场和田地里的农活随着公婆的衰老越来越倚重她，她经常是带着两个孩子下地干活。为了让这个家庭生活得更好，她又包了四亩田用来种葡萄、养蚕，桑树下还养着三黄鸡，有时她甚至需要把丈夫带到田间来，边照顾边做农活，好多次她都累倒在田间。

后来她的两个儿子上了初中，也逐渐明白了事理，兄弟二人不忍看母亲独自操劳，打算终止学业回家帮着母亲来操持这个家庭，但是她并不赞同。为了表明支持儿子读书的决心，她拿出所有的积蓄给两个孩子办了转学。孩子们被母亲的决心感动，从此格外努力，双双考入重点高中，并在 2007 年的高考中同时被重点大学录取。哥哥考的是浙江师范大学，弟弟考的是浙江大学。

她就是 2009 年度"感动浙江十大人物"徐菊英。

生活就是这样，它总能拿出不一样的苦难来折磨人，生活的残忍之处就在于它不会因为人们正处在苦难之中就网开一面，该来的都会一丝不差，一分不减地结结实实地落到人们的肩上，任何人都别想逃脱。

在这个世上活着，你需要比想象中的自己更强大，因为生活总是变着法子来折磨你，它的残酷远远超乎你的想象。电视剧《离婚律师》中有这样一句台词："有时候你不知道自己做错了什么，却要受到如此残酷的惩罚，你不该允许自己长时间地陷入悲伤，你要告诉自己，你没有退路，你要重新开始。"

在任何时候，身处任何地位都应该有居安思危的意识，也需要有坚韧和毅力，更需要有权衡利弊，勇敢果断的智慧，当然，最重要的是要有生生不息的希望。

罗曼罗兰说过："生活需要一点英雄主义，就是在你认清生活的真相之后，依然热爱生活。"生活会在你意想不到的时候给你一个巴掌，打你个措手不及，你需要做的不是等待生活向你道歉，用温柔的态度来博取你的开心，你需要做的是即便会有更多的巴掌，但仍旧能够保持微笑，勇敢面对。

2. 出问题的往往不是一个人的能力，而是心理

经常会听到有人抱怨，自己有能力只是怀才不遇，没能把自己的潜力完全发挥出来。确实，有能力的人很多，但并不是所有人都能够得到成功的垂怜。

有一家公司的经理曾说过他打拼的经历，他说他从公司的大厅走过，看到有不整齐的地方都会过去收拾，哪怕是地上有垃圾都会捡起来放进垃圾桶。多年以来，他一直以公司为家，这样的主人翁心态让他每天都能够保持足够饱满的精神状态出现在公司。当别人都到点下班回家了，他还在改自己的方案，不把手中的工作完美完成坚决不会拍拍屁股走人，就这样一直改到他认为满意为止。他说，这应该就是他能够打败众多强者一直留在公司并成为领导的原因。

这位经理跟我们很多人一样，他没有特殊的天赋，但这并没有影响成为公司的佼佼者。从他的经历中我们能够感到他内心对工作那满腔的热血和真诚。同样的工作，有些人能够从简单中感知到不平凡，而有的人却只感受到了重复和枯燥乏味，这样的心理最终也导致了他们不一样的结局。

你把工作只当成工作，你就只能一直工作；你把工作当成事业，你就能够成就一番事业；你把工作看作梦想的翅膀，你终将会实现梦想。你能走多远，就要看你的内心能带你走多远。为什么自己在公司工作了多少年，能力也不差就是不升职加薪，这应该就是答案。

　　贝贝在某科技学院学习的是艺术设计专业，大四的时候就开始努力找工作。毕业之际，她被一家玻璃制品贸易公司录用了。

　　可是当她入职报到时，发现老板对她很冷淡。原来公司并没有同意招一个应届毕业的专职平面设计的员工，只是实在找不到合适的人员，才选中了她。入职几天后，一家澳大利亚公司的贸易代表来公司考察，于是老板把设计水杯的任务交给了贝贝。

　　接到这个任务，贝贝感觉似乎有千斤重担压着喘不过气来。但她必须证明自己能够胜任，她先到公司资料室，看公司创立时的历史，了解企业的发展历程，她似乎悟到了公司发展的原因，公司的企业文化就这样流进了她的血液里。看累了，就下车间看每一道生产工序，看水杯是如何生产的；到营销部了解什么样的杯子好销售，订单是如何签到的；最后到开发部看师傅们如何设计。

　　晚上她上网查看各种杯子的生产历史、造型、图案，晚上睡觉时，她的脑子里还是杯子。看完澳大利亚当地风俗的样品风格，她又参考了中国的传统服饰、徽派建筑特色、奥运设计等，最终设计出了一些中西结合的样品。

　　那一个星期里，贝贝每天工作至少 18 个小时，最后总算从设计的几百幅作品中挑选了五幅水杯图案，传到澳大利亚后，客户看到她设计的样品非常满意，最后敲定了那笔数百万元的订单，之后又追加了一倍的订单。

　　任务圆满完成，老板决定她不仅可以留用，而且直接被提升负责公司的设计工作，开始拿年薪了。

　　她的很多师姐师妹都很羡慕她运气好，母校也请她介绍经验。而她只是很简单地说，大学毕业生刚走上工作岗位，最重要的就是自己的心态。

　　有段非常有哲理的话说得很好：注意你的内心，它会变成你的行动；注意你的行动，它会变成你的习惯；注意你的习惯，它会变成你的性格；注意你的性格，它会变成你的命运。你的内心成就了你的命运，这也验证了那句你心中有什么你就会成为什么样子。

　　我们有时候与成功只是差了一个内心的坚定，我们要想取得成就就要坚信自己可以，当然了这也要求我们选对方向。你的内心可以决定你的成败。就像美国文学家爱默生所言：一个人要是知道自己去哪里，全世界都会给他让路。

3. 你对自己不狠，生活就会对你更狠

　　看到别人西装革履，周游世界，你也告诉自己生活就该是那个样子的，但是为了这样的生活你付出了什么呢？为了生活他们可以每天加班到天亮，为了谈一个客户准备了三天的资料，他们的汗水就是他们成功的密码。

　　如果你不承担工作的压力，那你就要承受生活的压力。没有人可以只享受美好的生活，当然了，如果你说你家里很有钱，你可以就这样吃喝玩乐一辈子，也不至于饿死，那么你就像一只等待喂养的寄生虫，永远不知道飞翔的感觉。

　　我们生活在这个竞争压力日益激烈的社会中，不可以矫情，

不能够任性，生活不像亲人会对你百般包容；生活不会因为你掉眼泪就对你温柔。不要受了一点挫折就顾影自怜，受了一点打击就怀疑人生，你根本什么都没有开始，却已经被打趴下了。上天是公平的，你每天在公司过着朝九晚五不思进取的生活，回到家中看着娱乐节目到凌晨，看到朋友圈中别人仍旧加班的照片，你说何必活得这么累，日子一天天过去，你依旧是顶着看电视看出来的黑眼圈而一无所获，那个加班的别人却已经买车买房。看着跟别人的差距越来越大，你撇嘴又说年轻人应该对自己好一点。

不要总为自己的懒惰和放纵找借口，如果想要过上自己喜欢的生活，那你就必须要对自己狠。你还年轻，就应该像一条狼一样，有野心、有朝气、有冲劲。对自己狠，这是一种态度，更是一种决心、一种必须成功的坚定。

我们都知道老鹰的寿命很长，有的可以活到 70 岁，但是却有一半多的老鹰 40 岁就死了，为什么那么多的老鹰死在了 40 岁呢？这是因为到 40 岁时，它锋利的爪子开始老化，它的喙变得又长又弯，还有那又浓又厚的翅膀开始成为飞翔的阻碍。这样的老鹰根本没有办法再捕捉猎物，它不得不面临两种选择：一种是等死；另一种是"涅槃"重生。

很多人会说，那肯定要选第二种啊。选择是一句话的事，而过程却是痛苦的。要想重新回到昔日的灵活，老鹰要把自己的喙用力击打岩石直到脱落，等新的喙长出来后，再用嘴把自己的脚指甲一根一根地拔出来，再把沉重的羽毛一根一根地拔掉，经过自我"虐待"的过程，再经过漫长的等待，150 天后，它又变成了一只翱翔天地的雄鹰。

《老爸快跑》中徐峥演的张三是一个典型的例子，张三是什么压力也没有的小市民，他有一个祖传下来的店但从来没有用心打理，过着得过且过的生活。直到有一天，他的店被盘出去，他的父亲去世了，妻子也要带着孩子离开他。当生活被自己弄得一团糟的时候，他才反应过来，他已经一无所有了，他的事业、爱情和亲情都已离他而去。

张三是没有才能才落到这样的下场吗？不，其实他是一个十分懂玉石的人。那他为什么被生活逼到没有退路呢？这都是因为他对自己没有要求，没有狠劲，所以只能被生活狠狠地教育了一顿。

这就是生活，你不努力，就只能被生活虐打。这就是生活，你不逼自己，就会被生活所迫。所以不要每天沉迷在游戏中或跟朋友喝酒唱歌放纵自己了，趁着年轻，赶紧行动起来吧，不要等到生活对你动手，才追悔莫及。

鸡蛋，从里面打破是生命，从外面打破是食物。这个世界弱肉强食，希望你能够突破自己。对自己狠一点，掌握生活的主动权！

4. 凡是杀不死你的，都会让你变得更坚强

德国哲学家尼采，在他短短40多年的生命历程中，仅各种病痛就折磨了他20多年。但是，疾病并没有把他打倒，反而激发了他无尽的激情。他说："杀不死你的，只会让你更坚强。"在毫无规律的病痛折磨中，他创作出了《查拉图斯特拉如是

说》《善与恶的彼岸》《偶像的黄昏》《论道德的谱系》《看啊，
这人》等被后世称赞的作品。

那些你觉得快要要了你的命的事情，那些你觉得快要撑不
过去的境地，都会慢慢好起来。哪怕再慢、再艰难，只要你愿
意熬、愿意面对，都会过去的。

美国的一个农场里有这样一棵树，农场主为了方便拴牛，
在树上箍了一个铁圈，随着树越长越大，树干越来越粗壮，铁
圈慢慢地勒在树干上，留下了一道深深的痕。一年后，因为一
种奇怪的病当地方圆百里的树都死了，奇怪的是这棵箍了铁圈
留下伤痕的树却幸存了下来。经过研究发现，原来这棵树是从
生锈的铁圈中吸收了大量的铁，对病毒产生了免疫力从而躲过
了这一劫。

当然，如果可以选择，没有人愿意病痛、愿意受伤害。但
是从小到大，我们总是免不了跟大病小病打交道，我们必须要
离开父母出来闯荡。人生在世磕磕碰碰的伤害不可避免，这些
挫折终将成为我们坚强的垫脚石，我们终将越挫越勇。

有一个企业家刚上初中没多久就因家境贫寒而辍学。17 岁
父亲去世，他除了养家还要照顾身体不好的母亲和瘫痪的爷爷。

20 世纪 80 年代，农田承包到户，他把一块水田挖成鱼塘
用来养鱼，结果被乡里告知水田不能养鱼只能种庄稼，他只好
又把水塘填平。后来他又借了 500 元钱养猪，结果未能躲过一
场猪瘟。母亲难过至极，撒手而去。

后来他又捕过鱼，酿过酒，采过石头，可是没有一次能赚
到钱。到了而立之年他还未娶到媳妇，因为家庭条件实在太差，
没有人愿意嫁给他。他心有不甘又借钱买了一辆三轮摩托，岂

料半月之后骑着车的他出了事故，一条腿也摔断了，所有人都说他这辈子完了。

但他像一棵顽强的小草一样，越是风雨交加，根扎得越深。怀着不抛弃、不放弃的意念，他仍旧一次又一次地尝试，最终成为一个上亿资产的企业老总。有人问他："在一次次失败与困难中为什么没有退缩？"他缓缓说道："只要没有死，就不会退缩。"正如那位大洋彼岸的硬汉海明威在《老人与海》中写道的："人可以被毁灭，但不可以被战胜。"

当沙砾或者虫子之类的异物侵入到蚌壳内，蚌体内自身发生了病变，自我修复功能就会分裂增殖，包围异物形成璀璨耀眼的珍珠。所以我们为什么要害怕遇到的或者将要遇到的挫折呢？

当你遇到那些你认为克服不了的、撑不过去的、不能容忍的困难时，你只需要知道，无论情况有多糟，凡是不能杀死你的，最终都将被你打败。生活中，我们都会遇到各种磨砺与痛楚，但是不要惧怕困难，不要逃避痛苦，你更应该感谢这些痛苦，它必将使你更强大。

5. 要让自己配得上所吃过的苦

吃苦的意义就在于用经历过的苦难换来美好的人生。

所以，人在任何情况下都不能忘记质问自己："眼前的一切配得上你生命中经历过的苦难吗？如果不能，你还有什么理由继续沉沦下去？苟延残喘的人，你要振作起来继续向前冲！"

20 世纪最著名的心理学家弗兰克尔的作品《活出生命的意义》被译成 24 种不同的语言发行全球，全球累计销量超过 1000 万册，这本书被美国国会图书馆评选为最具影响力的十本著作之一。

"二战"期间纳粹占领奥地利，当地所有犹太人的安全都受到了威胁，作为知名的奥地利籍的犹太人，弗兰克尔曾收到了美国的移民签证邀请，但是他却放弃了去和平富足的美国继续深造。

弗兰克尔在《十诫》中读到一句话："荣耀你的父母，地上的生命将能得到延续。"这让他有勇气有决心选择留在父母身边，陪着家人一起接受纳粹的折磨。

他们全家都被关进了最为恐怖的奥斯威辛集中营，不久，他的父母、哥哥、妻子全都在毒气室遇害，只有他和妹妹幸存下来。

在集中营里，那些不能干活的就会被送到毒气室等待死神的降临。为了让自己看上去精神一些，那些在集中营里想要活下去的女性，每天都会忍着疼痛，用牙齿咬破指尖，把流出的血涂在脸上，这样会使自己看起来面色红润，表明"我还健康，我还能继续干活！"

一位同在集中营的女性，在她即将离开人世的时候对弗兰克尔说了一段话："我并不会因为这一段经历感到恐惧害怕，我甚至感谢生命里遇到这样的灾难，它让我真正有机会思考生命的意义。当我看到窗前的那棵树一年四季的变化时，我才真正感受到连树的存在都有生命的意义，而我过去的 30 多年，从来没有观察到生活中这些生命的意义，更不要说懂得了。"

这位女性的临终遗言给了弗兰克尔巨大的启发，"二战"结束后他获得了自由，他决心把自己的经历结合学术研究写出来让更多人看到，鼓舞那些正在经历着绝望和苦难的人，也由此开创了意义治疗法。

任何时候、任何人都不能剥夺你美好的未来，你永远都拥有享受更好生活的权利，过去经历的苦难都像是基石一般为你今后的摩天大楼做准备，无论你曾经经历什么，无论你眼前正在经历什么，都要让这一切发挥它应有的价值。

就像俄国作家陀思妥耶夫斯基说过的那样："我只害怕一样——那就是配不上我所受的痛苦。"大胆地去经历，顽强地去坚持，终有焕发光彩的一天。

1948 年，麦克参加了阿拉伯和以色列的战争，一次突围中他的眼睛受了严重的伤，顿时什么都看不见了。但是在病房中他是最乐观的一个，还时常给一起接受治疗的战友们讲笑话。

遗憾的是，医生想尽一切办法都没能找出医治麦克眼睛的法子。当医生告诉麦克他这辈子无法再看见任何东西的时候，他没有悲伤，并由衷地向医生表示了感谢，那年他才 21 岁。

退伍后，麦克凭着政府的支持学了一门手艺，并以此谋生。闲下来的他还会到残疾人学校，跟那里的孩子分享自己的经历，孩子们听了他的故事后重新燃起了生命的希望之火。

一般年轻人都会经历拥挤肮脏的集体公寓，也会被领导训斥同事排挤，也很容易失恋又失业，但这正是年轻的意义所在。也正是这些经历一点一点地垫在你的脚下，让你走的路越来越平，也让你走得越来越远。

阳光一直都在，但是有阳光的地方总是会有阴暗，这时候选择很重要。选择阴暗，你的生命放眼望去一片灰暗寸草不生，你会在这样的世界中与厄运相伴；选择阳光，选择希望，把经历过的苦难变成生命中的养分，将助我们变高变强。

导演徐皓峰的《刀与星辰》中有句话值得我们铭记："选择过一些狼狈的生活，相信总有人来相依为命，总有急中生智的一天。"

6. 你究竟是在爱自己还是在害自己

"女人要对自己好一点，因为女人是水做的，天生就是让人来疼的！""男人，你别活得太累，这个世界已经给了你太多的压力！"这样的毒鸡汤让人产生一种发自灵魂深处的欢愉，我们在这样的观点下打着"爱自己"的旗号不断地放纵自己。

半夜三更她敲响了他的门，他接受了离家出走的她。他本是她身边的一个追求者，她结婚后他便退出了她的视线，现在已经做了母亲的她深夜站在他的门口，他还是接受了她。

结婚生子后，她和丈夫的感情发生了天翻地覆的变化，丈夫对她变得越来越冷漠，生活和工作双方面的压力压得她透不过气来，她总想去发泄，不知什么时候开始，她学会了抽烟，上班的时候躲进洗手间，烟雾缭绕的几分钟让她获得久违的轻松、舒畅。

她的想法也在发生着变化，她总想着：生活这样艰难，何必一直难为自己，不如让自己活得开心一点、洒脱一点。

她不再精心地打扮，收拾家务也是寥寥草草，也没有心思做一顿可口的饭菜。有时候丈夫的一句抱怨会让夫妻二人大吵一架。一天深夜，丈夫带着一身酒味回到家，躺在床上便睡着了。她一脸厌恶地看着丈夫，从丈夫口袋里滑落出来的手机上弹出了一条露骨的微信，一怒之下她穿着拖鞋出了门。

后来遇到了不顺心的事情，她都会去敲响那扇一直等待她的门。渐渐的，婚姻到了无可挽回的地步，最终离婚了。

当你那么爱自己，就不要怪生活对你太狠。

生命总是不遗余力地折磨着世人，在这个世上，多少人都是以一种苟延残喘的姿态勉强存活。在芸芸众生中我们是渺小的，在生活面前我们又是低微的，眼前的一切让我们感到一种束手无策的绝望。

巨大的压力让我们想要逃离这一切，但现实告诉我们是逃不掉的，我们退一步，去寻求一种让自己得到宣泄的方式，以此来换取暂时性的躲避，我们告诉自己："这是爱自己，这是自己给自己放了一个假。"

事实上那些我们口中的"爱自己"只是粉饰过的"放纵自己"罢了，这样的"爱自己"无异于烈酒，给了我们肉身和精神上的强烈刺激，却在腐蚀着我们的灵魂。

真正的爱自己像一碗温和的汤，它不能刺激味蕾，也不能充饥，却能给身体输送最丰富的营养。

吴师傅经营着一家小小的店面，一家人就靠着这家店面的收入过活，年近五十，两个儿子也到了谈婚论嫁的年龄，生活的压力一下子加大了。

偏偏在这时刚刚大学毕业的小儿子患上了严重的抑郁症，他四处求医，花了一大把钱也没能换来儿子的痊愈。医生告诉他："这孩子可能一辈子都会这样……"那段时间吴师傅整夜整夜地睡不着觉一头浓郁的黑发也掉光了。

为了缓解紧张的神经，吴师傅每天很早起床，带着抑郁症的儿子去跑步，平时店里的事情不忙了，他会拿出一副羽毛球拍，叫着儿子在店门前打一会儿羽毛球。

跑步的时间久了，他结识了一群长跑爱好者，这些人都是市里长跑协会的会员，后来他也加入了这个组织。此后每逢有长跑赛事他都会随着队伍参加，按他的说法就是不为获奖，只为静静地享受活动中获得的欢乐。

有的时候吴师傅也会叫上家人邻居一起去 KTV 包个小小的包厢唱唱歌、玩玩游戏。渐渐的他不再烦恼，整个家庭在他的影响下都处在一种欢乐的氛围中，小儿子的抑郁症也在慢慢地向着好的方向发展。

真正的爱自己总是积极向上的，用一些健康的方式缓解自己身上承受的压力。在这样的过程中，除了紧绷的神经会得到放松，自身承受压力的能力也在逐渐增强，久而久之会摆脱压力的束缚，重新以一种欢快的心态去生活。

当人在经受苦难的时候，身体里会有一只魔鬼。它怂恿你，诱惑你，让你向往那些让人瞬间欢快的事情，此时正值意识薄弱的你往往难以抗拒魔鬼的力量，一步一步地被它带入深渊。

爱自己和放纵自己的差别只在一个"诱惑"，经得住诱惑那是爱自己，经不住诱惑便是放纵自己。亦舒说："无论怎样，一个人借故堕落总是不值得原谅的，越是没人爱，越要爱自己。"无论什么时候，都以正确的态度关爱自己，不沉沦，不放纵，永远相信明天会更好。

7. 拖你后腿的只可能是你自己

老话说："龙生龙，凤生凤，老鼠的儿子爱打洞；猫生猫，狗生狗，小偷的孩子三只手。"记得网上有一篇《寒门无贵子》的文章火得一塌糊涂，一时间，"出生决定命运"的论调被人们奉为真理，那些一事无成的人把卑微的现在归咎于出身的贫寒。

别忘了早在秦末，就有陈胜、吴广高喊着"王侯将向宁有种乎"举起反秦大旗。所以，导致你现在卑微的从来不是你的出身，而拖你后腿的只可能是你自己。

生物课上，老师要求格雷戈在讲台上给同学们作示范。那天格雷戈穿了一件新的衬衫，他非常喜欢这件新衬衫，便自信满满微笑着走向讲台。在讲台上，他礼貌地向大家鞠躬，然后拿起解剖刀，准备作示范。

突然教室的某个角落里传出一个声音："看到没，他穿那件衬衫，那是我爸爸的，他妈妈在我家做佣人，偷偷带回去的。"

讲台上的格雷戈瞬间僵住了，他羞愧万分，脑子里一片空白，直到老师让他回到座位上，他才回过神。

回家后格雷戈生气地脱下衬衫，把它放到衣柜的最底层，发誓永远不再穿它。第二天上课老师再次邀请他作示范，可惜效果很不好。

课后，老师把格雷戈叫到跟前对他说："你本可以做得更好。"格雷戈低头不语。老师又说："你以为只有你穿过别人的衣服吗？你认为只有你正在经历贫困吗？"格雷戈带着怒气说："是！"

随后老师给格雷戈讲了他年轻时的故事，那时候他比格雷戈还要穷，每天都穿同一身衣服，参加毕业舞会的时候同学们都穿着笔挺的西服在邀请漂亮的姑娘跳舞，只有他穿着粗糙的衣服一个人缩在角落里喝酒。

老师说："那时我的心情就和你一样，你知道吗，孩子？但是你要明白，你的优秀与你的贫穷和衣服都没有关系。"

格雷戈顿时受到了鼓舞，他走出了敏感和自卑，他自信地和那些富家子弟竞争一切，后来事实证明他确实比所有人都要优秀。

对眼前感到无能为力的人常常会抱怨命运的不公，为什么我出身贫寒？为什么受苦受难的又偏偏是我？这个问题永远不会有人回答，命运本就是不公的，但奋斗的机会每个人却平等地拥有。与其抱怨命运不如珍惜奋斗的机会，努力改变命运。

《今日早报》曾刊登过这样一则报道，一个叫段军鹏的年轻人，高考时考了六百多分，被上海外国语大学顺利录取。按理说他应该在升入大学前的暑假里和同学们出去玩一玩，然后在家吹着空调好好地休息两个月。懂事的段军鹏知道自己家境不好，还有个妹妹正在读高中，父母供两个孩子上学压力非常大，为了能减轻点父母的压力，他和另外两个同学在街头卖起了菜。

有人问段军鹏："你不难为情吗？你可是高材生。"段军鹏的回答不卑不亢："这怕什么，苦难谁都有，就看你怎么闯过去！"

这个世界上有无数人在承受着底层人民的苦难，也有无数人站在金字塔的顶端享受着至高无上的荣誉，那些金字塔顶端的人也不尽是豪门子弟，多少出身贫寒的人凭借着自己的努力改变了命运。

潘石屹曾说过他的出身比《平凡的世界》中的孙少安还要艰苦；家境普通的李想18岁就开始创业，他创建了全球访问量最大的汽车网站——汽车之家；黄恺，父母均是卫生学校的老师，2008年，22岁的他与朋友创立游卡桌游文化发展有限公司，任首席设计师，如今29岁的黄凯早已是国内桌游创作界最资深的"元老"。

在这个充满活力的时代，"拼爹"早已经成了为人所不齿的事情，陶行知说过："流自己的汗，吃自己的饭，自己的事情自己干，靠天靠地靠祖宗，不算是好汉！"我们改变不了出身不代表改变不了命运。

如果你和我一样"外无期功强近之亲，内无应门五尺之僮"，那就不妨甩开那些怨天尤人的念头，狠下心去和命运较劲，"撸起袖子加油干"，让命运因自己的努力而改变。

8. 自律是人生最尊贵的标配

都市的夜里灯红酒绿，纸醉金迷，处处是诱惑，处处是欲望，一不留神陷入其中就会万劫不复。正如《高效人士的七个习惯》中提到的"不自律的人就是情欲、欲望和感情的奴隶"。

近日网上曝出一张前美职篮球星雷·阿伦的照片，照片里的雷·阿伦上身赤裸，紧致的皮肤上满是汗水，小腹没有一丝多余的赘肉，一块块腹肌整齐地排列着。

拿出他刚刚进入美职篮时期的照片作对比，20年过去了，他仍然保持着年轻运动员的体型。这是他在长达19年的职业生涯中始终保持超高水平体育竞技能力的依靠，这样的体型来自自律。

2008年，雷·阿伦和他的凯尔特人队拿到了总冠军，赛后有记者问他最想做的事是什么，他回答："抽一根雪茄，吃一块巧克力。"

雷·阿伦的回答并非夸张，为了保持超强的身体素质，他从不吃高热量的食物。他对饮食的要求极为苛刻，每天固定六顿饭，高糖油腻的食物从不会去触碰。和雷阿伦做过队友的球员都一致地表示他从没破坏过自己的规矩。

平日里，除了每天固定跑步20英里外，雷·阿伦在周末也会跑上10英里。2014年8月，雷·阿伦来到中国，接受媒体采访时他也表示过："合理的饮食，充足的睡眠很重要，这些要跟日常保持锻炼结合起来。另外，不喝酒也是我能打18个赛季重要的原因。"

雷·阿伦1996年开始在美职篮打球，与他同时进入美职篮的球员们被称为"黄金一代"，但是很少有人如他一样保持竞技能力。状元秀艾弗森早在退役之前就状态急剧下滑，纳什伤病连连，就连天资横溢的科比退役一年多也明显发福。

如果把人生比作一栋大楼，自律便是添砖加瓦不断加固的过程。它对人的改变也许并不明显，但地动山摇时，周围的一切都在摇摇晃晃，有的甚至瞬间倒塌，但自律让你始终屹立不倒。

自律是一种细微的功夫，它需要强大的意志和付出巨大的努力，才能在细枝末节中胜过别人一点点，耗费巨大心思才让生命中那些凌乱琐碎的东西各安其位。直到有一天，所有这些细枝末节都堆砌起来，所有凌乱琐碎都串联起来，你会发现自律让你赢了整个人生。

有人说"自律如抽丝，放纵如山倒"，如果人生不能做到自律，放纵自己的欲望，最终输掉的可能不止人生。

美职篮是个神奇的地方，他让多少从贫民窟里走出来的年轻人一夜间腰缠万贯，突然到来的财富让这些年轻人迷失了自我，每天沉浸在一种醉生梦死的生活中，等到青春逝去，最后落得贫病交加。

姚明在火箭队时期的队友埃迪·格里芬曾被公认为天才球员，身高208厘米，不仅拥有一手盖帽绝活，作为一个内线球员他还有罕见的三分能力，这让他刚进联盟就被寄予厚望。但较高的起点让格里芬目中无人，从不懂得收敛自己的脾气，在更衣室里暴打队友，时常缺席训练，刚进联盟两年他便有了一系列不光彩的记录。私生活方面格里芬也从不加以控制，数次被警察抓到吸毒，经常酗酒，2003到2004年还接受过专门的酒精治疗。

后来格里芬因为多次不参加训练被火箭队解雇，他的下一个东家网队把他送到戒酒中心治疗，不久再次被解雇。2004年格里芬被森林狼队以极低的价格签下，在森林狼队他仅好好打了一个赛季的球后又开始惹是生非，2007年又被森林狼队扫地出门。2007年8月17日凌晨1点30分，格里芬驾车无视铁路警告标志，强行穿越了护栏，并一头撞上了一辆疾驶的货运列车，瞬间殒命，年仅25岁。

世上大多数的事情，拼的不是天赋，而是自律。自律是克制自己的情绪让自己行动的能力，自律需要五根不同的柱子来支撑，它们分别是：认同事实、意志力、面对困难、勤奋以及坚持不懈。这五个词语的英文单词分别为：Acceptance、Willpower、Hard Work、Industry、Persistence。它们的首字母拼起来就是：A WHIP，意思是一条鞭子。

自律就是一条鞭子，当人被欲望冲昏了头脑时，自律的鞭子会毫不留情地打在我们身上，那火辣辣的疼痛感让我们瞬间清醒，留在身上的那道又红又长的鞭痕时刻提醒着我们不要因为眼前的诱惑而迷失了前进的方向。

德国哲学家康德曾经说过："所谓自由，不是随心所欲，而是自我主宰。"当自律成为一种习惯，身处其中不仅不会觉得压迫，那种将生命一丝不差地掌控在手中的操纵感，会让你有信心去营造一个更加精彩的生命。

9. 保持进步才不会被淘汰

电视剧《我的前半生》大热，老戏骨陈道明在剧中客串一位料理店的老板。在一档谈话节目中，出演女一号的马伊琍谈到陈道明曾说："陈道明老师其实是来客串的，因为他的戏份、台词很少，很多戏是没有戏的，但是他不去休息，就永远站在旁边看，不提意见也不说话，就看你们怎么演。"

在片场中，陈道明曾经说过："表演是带有那种年代痕迹的。你带着那个年代感的痕迹，到现在的年代来演戏，很可能要脱节。所以要站在一个前辈的角度，但抱着一个学习的态度，来看正当年的人怎么演戏。"

不仅表演如此，这是个以激变为主题的时代，一切都在以前所未有的速度变化着，谁也猜不到未来会是什么样子，没有孜孜不倦的进取心早晚会被淘汰掉。

不断地追求是人的天性使然，也是大自然的法则，在这个竞争激烈的社会中更是如此。曾经听过这样一句话："每一个不曾闻鸡起舞的日子都是对生命的辜负。"其实我想说的是："每一个不曾进步的今天，都需要明天付出巨大的代价来偿还。"

"学习如逆水行舟，不进则退。"进步最好的方法就是敢于给自己设置一个更高的目标，高的目标背后是一片辉煌的世界，对美好的向往刺激着我们不断向前，更高的目标让我们走得更远。

心理学上有个术语叫"目标刺激"，它指的是通过目标的设置来激发人的动机、引导人的行为。目标有大小之分，它对人的刺激也有强弱的差别。目标越大对人的刺激越大，也就越能激发人的潜力。

拿破仑说过："不想当将军的士兵不是好士兵。"年轻人需要有野心，敢于向着更高的境界努力，高的目标会带来高的眼界，你就不会因为眼前的一点成就而沾沾自喜，你会虚怀若谷，不断地进取。

美国著名指挥家沃尔特·达姆罗施20岁的时候就已经当上了乐队的指挥，但他没有一点傲气，总是一副谦卑的样子。谈起自己成功的秘诀时他讲述了一段过往的经历。

那时达姆罗施正为自己年纪轻轻就成为指挥家而沾沾自喜，他认为自己的才华无人能及，他的地位是不可撼动的。有一次彩排他把指挥棒忘在了家里，眼看彩排就要开始了，他急得不知所措。当秘书向在座的演奏者们提出这个要求时，立马有三根指挥棒分别从大提琴手、小提琴手和钢琴手中递出。看到眼前的三根指挥棒，他顿时出了一身冷汗——原来自己并非不可替代的，指挥这个位置每个人都在惦记着。

从此以后每当他自满时就会拿那三根指挥棒来提醒自己："你的位置有无数优秀的人在惦记着，你不努力就会被取代！"

竞争无时无刻不在进行，没有人会提醒你竞争已经开始，也不会有人催你奋进，竞争只会用残忍的结局来告诉你："很遗憾，你被淘汰了。"当你浑浑噩噩时，很可能正是竞争最激烈的时候，当你洋洋得意自我膨胀时，很可能你的对手正在奋发向前。

当下的竞争远比我们想象中的还要残酷，它的残酷就在于我们和竞争对手不是以一种静止的状态在竞争，站在擂台上的双方可以继续学习，继续进步，在不知道对手会以怎样的速度进步时，我们唯有给自己定下一个更高的目标，目标高了进步的空间也就大了，竞争中的胜算也会随之变大。

时刻提醒自己督促自己去进步，给自己一个更高的目标，让自己进步多一点，这样，虽然不一定能赢，但最起码不会输。

10. 吃苦的人没有悲观的权利

"吃苦的人没有悲观的权利。"这句话是伟大的哲学家尼采的名言。身在苦中的人，若是悲观，不仅失去生活的乐趣，甚至会因此而一蹶不振，失去重新开始的勇气。悲哀对于我们的人生无济于事，只会让我们的生活变得更糟。

在一次宴会上，丘吉尔听说了实业家艾顿的苦难身世，于是惊讶地问他："怎么以前没听你说过呀？"艾顿笑了笑："有什么好说的？正在受苦的人是没有权利诉苦的，你成功了，别人听你诉说苦难时，会觉得你是个坚强、有勇气、值得尊敬的人。如果你还在苦难之中，你能说什么？说给谁听？这个时候你能说你正在享受苦难，学会坚韧吗？别人只会觉得你是个疯子。"

听过艾顿的解释，丘吉尔不禁感慨："苦难是财富还是屈辱？当你战胜了苦难时，它就是你的财富；可当苦难战胜了你时，它就是你的屈辱。"

人的一生中会遭遇无数痛苦和煎熬，在低谷期的时候，我们要做的是更加奋力拼搏，就像跌倒后要马上站起来一样，我们根本没有时间趴在地上喊疼。

受苦时，可能会痛彻心扉，可能会孤独难耐，而如果就此沉浸在悲哀之中，只能放大痛苦，就再也走不出苦难的深渊；如果能够乐观面对，痛定思痛，把受苦看成磨练心志的经历，则可以在受苦之中有所收获。

许多头顶光环的明星大腕，成名前都走过一段艰难的路。每个人成长的背后都有一段辛酸的日子，但他们不曾消极悲观。因为他们知道受苦的人，必须要克服困境，悲伤和哭泣只能加重伤痛。所以不但不能悲观，而且要比别人更积极。

如果当初他们自暴自弃能有今天吗？他们之所以能够成功，都是用汗水和努力换来的，是承受过许多的痛苦与困难得来的，他们更懂得受苦的人没有悲观的权利。生活中困难与打击无处不在，无论你是恋爱、工作、学习，还是经商……我们能做的就是要学会面对，努力拼搏，一切都会好起来的。

我们在艰苦奋斗的过程中，悲观就意味着放弃和失败。为什么悲观会给人带来这么大的影响呢？

一位心理学家曾做过这样一个有趣的试验：把一个空香水瓶洗得干干净净注满清水，然后打开瓶盖对教室里的学生说，这是一瓶进口香水，看谁最先分辨出它的味道。学生们有的说是玫瑰香味，有的说是玉兰香味……

其实，这就是教师对学生"暗示"的结果。而人的悲观就会产生一种自我暗示，用这种观念影响、改变自己的认知、行为。比如当你面对一件事情，你的悲观首先否决，让你的脑海中产生出无数个不可能时，你就觉得这件事情是不可能的，悲观的人在希望面前，也只能看到困难和失望。

汪国真说过这样一段话："悲观的人，先被自己打败，然后才被生活打败；乐观的人，先战胜自己，然后才战胜生活。悲观的人，所受的痛苦有限，前途也有限；乐观的人，所受的磨难无量，前途也无量。在悲观的人眼里，原来可能的事也能变成不可能；在乐观的人眼里，原来不可能的事也能变成可能。悲观只能产生平庸，乐观才能造就卓绝。从卓绝的人那里，我们不难发现乐观的精神；从平庸的人那里，我们很容易找到阴郁的影子。"

你若不坚强，软弱给谁看

1. 所谓坚强，就是没人让你依赖

没有谁的坚强是先天的，年龄越来越大，一些人一些事看得越来越清，才知道依赖总是难以长久的，学会坚强才能应对人生，就像网上流传的那句话："所谓坚强，只是没有一个让人依靠哭泣的肩膀；所谓成熟，只是习惯了坚强。"

有一天下楼时看到院子里两个小孩子在打架，个头大一点的是男孩，小一点的是女孩，两个小孩都还不会打架，他们抱在一起企图把对方摔倒，可是最终都没能如愿，两个小孩索性分开了。

男孩手脚比较灵活，不停地用小拳头向女孩发起攻击，小女孩虽然笨拙也不甘示弱。男孩抬起腿踢了女孩一脚，女孩还不会踢人只能用拳头还以颜色。正当男孩乘胜追击时，女孩随手推了男孩一把，男孩失去平衡一屁股坐在了地上。

突如其来的摔倒让男孩尴尬了，索性坐在地上号啕大哭。男孩的母亲闻声赶来，看到坐在地上的孩子哭得伤心，便问他怎么回事，男孩指着女孩说："她打我。"

男孩的母亲扶起他后，又把女孩教训几句，小女孩不服气地瞪着男孩，但男孩躲在妈妈身后扮鬼脸向她挑衅，小女孩水汪汪的两只大眼睛，眼看就要哭出来了。

谁想女孩忍住了眼泪，等男孩的母亲走后冲着男孩做了个鬼脸跑开了。

在院子里这个可爱的小女孩人见人爱，平日里她并不是一个坚强的孩子，她喜欢抱着大人的腿撒娇，也喜欢在大人的怀抱里抹眼泪，那天发生的事情让我大吃一惊。

其实，女孩的坚强来自没人依赖，如果当时出现的是女孩的母亲，我相信她会比男孩哭得更大声。很多时候，坚强只是在没有人依赖的情况下才被激发出的一种潜能。

每个人都有脆弱的一面，没有谁能永远坚强下去，每当心灵受到了创伤，每当活得累了，我们总想找一个人来倾诉，找一个人来依靠，可环顾四周却发现，能真正让我们依赖的人根本不存在，我们无限地失望。

一次次地受伤，一次次地张望，得来的却是一次次的失望，久而久之，我们学会了坚强。渐渐地，我们不再张望，当然也不会失望，因为我们有坚强。

曾经在网上看到过这样一句话："永远不要太依赖一个人，因为你不知道哪天他会突然离开，他离开那天把你也带走了，你会发现自己原来只剩下一个躯壳。你想象不到自己会多么惊慌失措，依赖的时候有多安逸，失去的时候就有多痛苦。"

没有谁会主动坚强，尝过了被依赖的人抛弃的滋味才能真正地坚强起来，坚强本来就是一个迫不得已的结果。

公司里独来独往，叱咤职场的女强人本不是一副冰冷强悍的模样，她也曾柔情似水，那时的她加班到半夜从不敢一个人回家，这时男朋友准会在楼下拿着热腾腾的水杯等她下楼。

后来男友离开了她，她还没有准备好一个人去生活，有一天晚上她加班到很晚，出去的时候才发现漫天大雨。迟迟等不到出租车，她只能硬着头皮冲了出去。半夜的雨水格外冰冷，一滴滴打在她的身上，让她分不清脸上流下来的到底是泪水还是雨水。突然，路面的一个坑洼让她摔倒在地上，她终于哭出来了，她明白从此以后必须要坚强。她站起来再次向前冲去，后来她渐渐地变得坚强，她努力让自己变得强大起来，强大到不需要任何人的依靠。

一次公司庆功宴，散伙时已经深夜，同事提出要送她回家，被她拒绝了，自己坐上了一辆出租车，出租车司机半路把车停到路边，说要去方便一下。司机的诡异行为让她顿时惊醒，她突然意识到自己还只是个娇弱的女孩。

无限的恐惧一下涌上来，多久不曾流过的泪水再次蓄势待发，但是她知道，如果她哭了，一切将会更糟。她强忍着泪水，故作镇定，拿起手机假装在跟同事打电话，互相交换所处位置，司机贼眉鼠眼地通过反光镜看了几眼后规规矩矩地把她送回了家。

坚强的人总是活得很洒脱，他们从不依赖谁，从不会缺乏安全感，他们是那种累了痛了就喝酒，告别了从不回头的人，因为他们从过往的经验里得知，转身看到的只有夕阳下自己那被拉长的身影，除此之外一片空旷寂静。

2. 漂泊在外的一个人，若不坚强软弱给谁看

孤身漂泊在外，渐渐地我们学会了自己吃饭，自己起床，心里不舒服了自己去散心，生病了自己去医院看病，渐渐地我们变得坚强。这是因为，我们知道一个人漂泊在外，没人关心，没人心疼，必须学会坚强。

中专毕业后为了供妹妹上学，凯子一个人带着行李来到了北京，没有学历，没有技术，他只能找到一份餐馆服务生的工作。

在任何一家餐馆中，服务生的地位都是最低的，也是最难做的，服务生不仅要照顾好每一位顾客，还要在前面的顾客和后面的厨师之间协调关系，既要满足顾客的琐碎要求又不能让后面的厨师为难，在夹缝中生存的人最艰难。

凯子工作的餐馆是一家中低档餐馆，生意非常火爆，每天各色人等进进出出。凯子有着强烈的自尊心，第一次站在餐桌前和顾客交流时，凯子表现得很不自然，该做的没做到，不该说的说了一大堆，正好被大堂经理看见，第二天开例会时当着全体员工的面痛骂凯子一通。

年轻人本就自尊心极强，凯子又生性倔强，哪能容得下别人这样辱骂，他听经理骂得难听便小声顶撞了两句，哪想经理顿时暴怒，把他揪出队列，用更加难听的话羞辱他，还说："不服气就滚！"凯子知道他不能走，身上剩余的钱不够他再次找工作了。

　　凯子被气得咬牙切齿，两只眼睛已经被泪水模糊了视线，但是他只能忍着。

　　后来的工作也并不顺畅，除了经理的训斥和顾客的刁难，还遇到了厨师的辱骂。一天晚上，两位顾客在餐馆里喝多，双方出现了争执，其中一位眼看就要大打出手了，为了维护店内秩序，凯子冲上前去拉住了这位顾客。

　　哪想顾客失去理智破口大骂："一个服务员也敢管我的事？"抬起大脚，一脚踹到了凯子的胸口，瘦弱的凯子被踹飞出去，脑袋撞到桌角鲜血直流。

　　凯子被送到了医院，经理给凯子放了一天假休息。回到住处，折腾了一天的凯子浑身不剩一点力气，他瘫软地躺在床上，想起来北京的这段时间，所有的伤感一下爆发。突然电话响了，打来的是母亲。凯子赶紧镇定一下，深呼吸一口，平静地接起了电话，电话里他告诉父母在北京一切都好，同事都很照顾他，工作也很顺心……像所有在外的孩子一样，他报喜不报忧。凯子明白，一个人在外，无论忍受了什么都只能"打掉牙齿和血吞"，告诉父母只会让双亲担心。

　　后来餐馆同事见凯子遇事敢担当，身上还有一股子韧劲，处理事情上也越来越纯熟，一切问题都能游刃有余地处理好，便纷纷佩服起凯子来。在这个小餐馆里，凯子终于有了自己的一席之地。

　　自己身上的疼痛别人永远无法感受，更何况孤身一人，四周都是冷冰冰的面孔，谁会真心实意地给你安慰，帮你医治。伤了、痛了要学会自己去医治。

　　既然选择了只身闯荡，就要学会一个人的坚强，独立和坚强从来不是与生俱来的品质，这需要靠血和泪一点一点地去交换，在每一次的苦难中总会有一点东西积累下来，慢慢地积累的多了就变成了独立和坚强。

有人曾说过："陪伴总是暂时的，孤独才是永久的。"人生的道路上没有谁能始终陪在你的身边，选择孤独的道路，虽然艰辛，却是一条实实在在最稳妥的道路，在这条路上跌倒了要自己爬起来，皮肤被割破要自己去包扎，迷路了也要自己去辨识方向。

渐渐地，我们不再怕跌倒，不再怕流血，也不再怕迷路，因为我们会站立，会包扎，会辨别东南西北，这一切都是孤独造就的，这一切都有一个共同的名字——坚强。

我们要感谢那些一个人走过的日子，正是那些艰难的岁月，让我们忘记了泪水，忘记了抱怨，忘记了软弱，学会了坚强。

3. 有些痛，总要慢慢学会去承受

网上流传着这样一段话："有些事慢慢地学会自己一个人去承担，有些痛慢慢地学会自己一个人去承受，有些压力也慢慢地学会一个人去抵抗。长大了才知道有些伤痛需要一个人去面对，成熟了才知道有些事即使做了也不需要告诉任何人。"

成长的目的就是为了成熟，而衡量成熟的标准便是承受过的痛苦。

她是一个长相甜美的女生，从小生活在一个殷实幸福的家庭里，父母从没让自己的宝贝女儿受到过半点委屈，后来上了学，成绩优异多才多艺的她总是师生眼中最闪亮的星。

一切都看起来都无可挑剔的她身边总少不了追求者，这些人总是前赴后继地出现在她的身边，她像是活在温室之中的花朵，人间的风雪与她无关。

毕业后，家里人在老家给她找了一份轻松稳定、薪资丰厚的工作，她本可以一直在这样的温室中，完全与外界隔绝，但自认身负绝世武功却没用武之地的她决定到全国竞争最残酷的北京大展宏图。

在她看来，出去工作生活无非就像读大学，不会有太多的波折，她满怀信心地来到了北京。刚到北京，帝都的生活成本就让她大吃一惊，骨子里那股傲气让她坚决不再找父母开口要钱，尽快找到工作这是最要紧的事情。

但是眼前的第一件事就让她感到为难，面试的第一家公司待遇很诱人，工作内容也很对她的口味，但所处的位置过于偏僻，她担心只身一人过去会有危险，但转念一想并没有其他人可以陪她，她唯有一个人壮着胆去面试。

公司是一个小小的传媒公司，在一栋居民楼里。走进楼道，昏暗的灯光让她不知不觉害怕起来，她努力告诉自己要冷静，想尽一切防备措施。她先是把自己的位置和应聘公司的详细信息通过微信发给好友，又按下"110"万一有什么不测，她会立马拨出去。

终于她走进了公司，面试很顺利，这次面试打开了她独自生活的大门。一天加完班回家的路上，突然窜出的一辆车把她撞倒了，好在司机还算好心把她送进医院。医生的诊断是：膝盖两处骨折，正常下地行走需要两三个月。

一方面，她担心着自己的双腿能否恢复到健康的状态，如果留下残疾对她来说简直生不如死；另一方面，她还要考虑怎样把这一切隐瞒过去，她不能让父母担心。那段时间病情和精神双方面的压力压得她难以喘气，她一度想过离开这个城市，回去过安安稳稳的生活，但她终究打消了这个念头。

医院的手术需要亲人签字，她请来在北京的姑姑代签，始终隐瞒着家人。手术后她又在康复中心做了三个月的康复训练。膝盖的康复训练是最难熬的，那种撕裂般的疼痛让她忍不住发出痛苦的呻吟，即便这样她也独自扛了下来。

过年回到老家，看着眼前的女儿成熟稳重父亲不知该如何表达，只是感慨地说了句："我们的女儿长大了。"

成长的过程就是一个承受的过程，一步步成长一点点承受，直到我们把生命中属于我们的痛苦一个不差地都承受了一遍。儿时，我们相信父亲是最强大的人，天塌下来父亲都能把它再补好。直到有一天，我们发现父亲眉间的皱纹越来越密，唉声叹气的时候越来越多，我们明白，有些事不能再依靠父亲了，自己要学会慢慢去承受。

在外生活，接到家里的电话时我们总是把自己打造成全世界最幸运的人，好让父母安心，工作、生活上的苦涩我们和着泪水吞下。以前遇到不顺心的事情，我们总喜欢找朋友倾诉，朋友的安慰让我们冰冷的心温暖如春，后来朋友们都忙了，每个人都在为自己生活操劳着，也烦恼着，渐渐地我们发现，那些妄图分担给别人的伤痛最终只能自己去承受。

随着承受的痛苦越来越多，我们也变得越来越成熟，我们的心仿佛永远不会饱和，承受的越多反而越有担当，越有信心也越有能力去担当，最终我们变成了能独当一面的人，我们变成了儿时眼中父亲的样子。

当生活的苦难一点点地压在我们肩头上时，一股前所未有的艰辛让我们浑身难受，我们也曾幻想着把这一切都丢掉，但我们明白，肩上的苦难只会增加，不会再减少了，承受痛苦让我们的人生变得更有分量，这就是所谓的成长。

4. 今日的辛苦，未尝不是他日美好的回忆

陈默安写过一本书，书名叫《那些曾让你哭过的事，总有一天会笑着说出来》。书名很有哲理，生命中最难忘的事往往不是那些让人欣喜的事情。经历过的痛苦往事，走过的苦难岁月，才是人生中最珍贵的记忆。

一次偶然的机会结识了杰哥，那时候杰哥喝得有点上头了，一只脚踩着凳子就要给我们讲他当年在部队里的故事。我当时完全为杰哥讲故事的能力所折服，他讲得越来越起劲，我们听得越来越认真，而他自己也被带入了故事中，讲着讲着就哭了。

后来我才知道，杰哥每次喝多了都会讲他在部队的事，虽然已经退伍近二十年了，但那是他这辈子最难忘的记忆，也是他这辈子最值得炫耀的往事。

二十多年前，一列从南向北飞驰的火车将二百多名新兵送到了一个他们从未到过的地方，下车后天上还飘着大雪，这些南方来的新兵人生中第一次见到雪。

下车后这帮新兵就排着长长的队伍，背着厚重的行囊，在

大雪中前进。南方的天气再冷也冷不过北方的冬天，他们有生以来第一次在这么冷的天气里星夜兼程，不少战士在路上摔倒，大部分人都在瑟瑟发抖，不断地向连长打听还有多久才能到达，连长的答案始终只有一个："再转一个弯就到了。"

这群素不相识的青年表现出了前所未有的团结，那些摔倒了的立马会有人扶起来，他的行囊会有人帮着背。杰哥那时候是个人高马大的粗汉子，当时饿得头晕目眩，这时不知从哪传来一块干粮，杰哥不管三七二十一吞到口里就着雪水吃了，到现在他都不知道是哪位战士给他的干粮。

后来到了军营，分了班，老兵为了迎接他们特地做了一盆咸菜炖红烧肉，再加上每人一碗热腾腾的面条，这就是他们的晚餐，同班的战士见杰哥饭量惊人便尽量少吃肉，多吃咸菜，还告诉杰哥"那东西太腻，我不爱吃"。

有一次杰哥和几个战友同时犯了错误，班长让他们几个趴在地上做俯卧撑和仰卧起坐，班长没有明确规定做多少个，只说做到出汗为止。大冬天，几个新兵只穿着背心了裤衩，趴在冰冷的大理石地板上做俯卧撑，再怎么做也不会出汗啊。

杰哥趁班长出走，偷偷地猛灌几口热水，又迅速做了几个俯卧撑，不一会班长来了，见杰哥做得卖力，额头出了汗，便让杰哥帮着监督其余战士。每人俯卧撑和仰卧起坐各做二百个。班长出去后杰哥为了让兄弟们轻松一下向班长虚报了数字，班长仔细核对后发现了马脚，连着杰哥一起处罚，并加重了力度。

最让杰哥难以忘怀的是某次集训，大夏天战士们全副武装，带着密闭的面罩，在刚下过雨的荒野里负重行军，头顶是火辣辣的太阳，脚下是泥泞的土地，不一会儿地上蒸腾起的潮气就让杰哥中暑了，但是长途行军不能停，杰哥走着走着肚子里一阵翻滚，没忍住就吐了出来，整个面罩里都是杰哥的呕吐物……

每次杰哥讲这一段时总是哈哈大笑，在他看来，人生中没有什么苦难是过不去的，当时对我们产生的折磨现在已经成为一种回忆。此时，脱离了当时的情景，再来触摸那些痕迹，往日的经历便如无声电影般一帧帧、一幕幕地在我们眼前闪过，电影里的我们正经受着让人痛不欲生的折磨，但看电影的我们脸上却露出了欣慰的笑容，笑着笑着便留下了泪。这些泪水不是痛苦的泪水，是怀念的泪水。

我们默默地对着过去的自己说："感谢你经过的那些苦难，才成就了如今的我。"把当初经历过的痛苦变成最美的回忆的原因正在于此，痛苦的经历给我们留下了弥足珍贵的东西，所以我们无限地怀念它。

以今天的视角去翻阅那些痛苦的经历，我们发现每一次痛苦经历的背后都写着一个美好的词汇：团结、友爱、担当、坚强……那些曾经的苦难正变成我们人生赖以生存的支柱，支撑起了我们美好的现在和将来。

5. 要庆幸那段最孤独的时光

很少有谁见过种子破土发芽的那一刻，蝴蝶破茧的过程也不会有太多的人去关心，那些蜕变的经历都是孤独的，但孤独之后换来的却是华丽。

东子和他的女友感情非常好，但东子的职业决定了一年中他至少会有三分之二的时间不在女友身边，在一起的那三分之一的时间里，两人总是格外珍惜，东子到哪都会带着他的女朋友。

后来因为工作上的安排，很长一段时间没见到他们，再次见到后东子女友的变化让我大吃一惊。

这个女孩跟我认识的她完全不是一个人，眼前这个女孩充满阳光，一举一动都透露出一种从容与优雅，多半年来她仿佛变成了一个少女。

我调侃地问东子："你这女朋友练了什么仙术，怎么越活越年轻呀！"东子答道："你还别说，你走这多半年，她可没少忙活。"

东子的女友看到东子每次回来总会有一些不一样，虽然具体无法描述但她明显地感觉到了东子在渐渐地变得更加优秀，不甘落后的她决定改变自己的生活状态，趁着东子不在身边她报了一个健身课，定期请教练指导减脂塑身。开始健身后她又不知不觉迷恋上了户外运动，除了每周两次的户外长跑外，她还参加了一些骑行登山之类的活动。

她从小就热爱文字，大学毕业后忙于工作和生活，很久都没静下来读一本书了，东子不在身边的时间里她闲下来还会一整个下午泡在书店里，看那些一直以来都非常想看，却没去看的书。她随身带着一个小本，想到什么了就缩在一个角落自顾自地写一点东西，后来她又在朋友那里淘来一台二手相机，没事研究研究摄影。偶然间听说很多人都在微信上写文章，她也注册了个人的公众号，不定时地把自己的文章和摄影作品编辑好发出去，最开始她只邀请了朋友们关注，看过的人内心总会产生一种共鸣，他们把她的文章当成心情分享了出去。她的文章逐渐被越来越多的人看到，公众号的粉丝也越来越多，渐渐地她的公众号有了收入，虽然非常少，但这成为她业余最重要的事情。

生活变得充实起来，眼前的她惊艳了我，相信她的改变还会惊艳更多的人。

那句"陪伴是最长情的告白"让我们幻想身边会有一个无论风吹雨打都会默默陪在身边的人，陪伴让我们无限渴望，却忽视了孤独才是上帝留给我们最好的礼物。

孤独像是一种淡出繁华后的闭关修炼，那些能在武林中掀起轩然大波的豪侠在成名之前都有过孤独的修炼，孤独让他们身负绝世武功，行走江湖未逢敌手。

张无忌这个人一出现便做出了几件惊天动地的大事，先是在光明顶上力挫群雄，接着又成了明教的教主，粉碎了朝廷剿灭六大派的计划，带领明教起兵谋反。

他的英雄事迹成为了武林中的佳话，如果张无忌仔细回顾自己的生平，就会发现他命运的转折点正在一部《九阳真经》上，他要感谢那段孤独的时光，让他潜心练成无上神功，这才有了后来的一切。

被朱长龄逼下悬崖后，张无忌意外发现了一个世外桃源，并发现了《九阳真经》，在这个世外桃源里他每天练功游玩，心无旁骛，一部《九阳真经》不知不觉被他融会贯通，成为绝世高手。

人是群居动物，每个人都害怕孤独，这是人的天性，因此没有谁真的喜欢孤独，正如村上春树说的"哪有人喜欢孤独，不过是不喜欢失望罢了"。孤独变成了一种让人讨厌的东西，它在我们手里时我们迫不及待地把它丢掉了。

　　但是孤独的时光是一个人最好的增值期，孤独把外界的一切羁绊与束缚都隔绝开来，这样的时光是真正意义上属于自己的时光，这样的时光里外界的一切仿佛都是静止的，它给我们机会去追赶别人、完善自己。当我们再次进入到世间时，我们会以更加强大的自己去面对眼前的生活，生活就不会那样艰苦，回过头，我们会默默地感谢那段孤独的时光。

6. 停止抱怨，一切即将改变

　　穿行在熙熙攘攘的大街上，来来往往的都是陌生的面孔，得到了别人的帮助，我们是幸运的，若别人对我们熟视无睹这也是正常的。请记住，抱怨是一粒毒药，它不能杀死你却能把你变成自己最讨厌的样子。

　　他又失业了，自从毕业，这已经不知是他第几次失业了。

　　第一份工作是做新媒体，他文笔出众思维敏捷，本想到了公司可以写写文章，做做策划什么的，谁知一个月来领导从来没让他动过笔，每天都会给他五个不同的公众号，让他负责内容的推送，除此之外还有增加粉丝的额定任务。

　　"我是来写文章的，不是来复制别人的内容的！""增粉，增粉，这不就是一种传销吗？"他越说越激动，"还有我那个领导，动不动就说我上手慢，我才来了几天，能有多快，跟我同时来的小张比我还慢，也没见每天说她呀！存心跟我过不去！"

　　第二份工作是采访做新闻，没干多久他又对眼前的工作提出了种种不满。"新闻线索这么难找怎么给他保证一周一期呀！""那个摄像脾气真大，每次请他外出都不配合！""这段片子明明没问题为什么总是让修改，我看他们以前做的还不如我的。""稿子反反复复改，哪有那么多毛病？"

生活不可能总是风和日丽的，事实上，在生命里，感到时运不济、命运多舛是常有的事，这才有了那句"世上不如意十之八九"。当遭遇了不顺心，发发牢骚是正常的行为，这是一种合理的宣泄，宣泄不是最终的目的，真正的宣泄是为了把心中那些负能量的东西释放出了，重新燃起正能量的火焰。

有的人反其道而行之，一时的宣泄不仅没有把心中的郁结解开，反而被它把整个心灵控制了。宣泄就变成了抱怨，从此开始了怨天尤人，愤愤不平，他身上像带了刺一般处处与人为敌，任何东西都看不顺眼。

于是他陷入了恶性循环，过去的不幸让他内心充满阴暗，以这样的内心去为人处事必然不会得到友好的回应，他原本就阴暗的心会因为别人的不友好再一次蒙上阴影，如此循环下去他终将变成一个昏暗的人。

这样的人不懂得反省，也不懂得宽容，他们习惯性地把一切过错推到别人身上，然后带着攻击性的眼神去看待这个世界。当你对这个世界充满敌意的时候这个世界又怎么会友好地对待你呢？

停止抱怨，才是根治一切不幸的方法。去除内心的郁结，用友善的目光去看待世界，这个世界才会变得可爱。

一位40多岁的出租车司机每天总能比同行多赚一倍以上的钱，他从来不缺顾客，他的绝招就是每天都要过得非常开心。

这位司机开出租车快20年了，以前他总是抱怨现在乘出租车的人越来越少，现在的乘客不仅素质低，还总是提出不合理的要求。偶尔遇到交警，交警也会为难他，甚至在生意不好的时间里，油价的上涨都成了他抱怨的对象。

一天半夜回家，广播里正播放着一档午夜心情类的节目，节目中播音员给听众分享了一篇优美的文章，他清楚地记着那篇文章告诉人们眼前的不顺心很大程度是由抱怨造成的。

他把车停在路边静静地听完这篇文章，第二天开始，他就抱着停止抱怨的决心开始了新的生活。对上车的每一位顾客他都尽量做到人性化的关怀，偶尔会有顾客对他提出建议他也会默默记下，然后去改正。他在车里装了一套效果更好的音响，汽车的座椅也换了新的，在汽车里他准备了各种热门杂志……

渐渐地，越来越多的顾客下车时跟他索要了联系方式，这些人成了他固定的顾客，他的收入越来越多，也越来越稳定。

每个人都不可能总是和好运相伴，但有的人看起来总比别人幸运一点，这是因为他总能够用笑脸去迎接这个世界。与抱怨的阴暗相比，笑容可以说是世上最好的溶剂，它能把一切郁结都溶解掉，包括那些外界投来的敌视目光。

好的运气总是从停止抱怨开始的。

停止抱怨，用一双清澈干净的眼睛去看待这个世界，世界将因你而改变。

7. 受苦之人的首要任务是走出苦难

尼采说："受苦的人，没有悲观的权利。一个受苦的人，如果悲观了，就没有面对现实的勇气，也没有了与苦难抗争的力量，结果是他将受到更大的苦。"摆在受苦者面前首要的任务是走出苦难，而不是沉溺于当前的悲伤。

静下来的时候，许大卉也曾想过，是不是人世间的苦都让她尝遍了。

许大卉出生的时候父母双亲都已经四五十了，母亲患有先天性的间歇性智力障碍，只有平常人八岁左右的智商，全家仅靠父亲微薄的收入维持生计。2008年9月，到武汉工程学院报到时她甚至凑不够一个月的生活费，更别说报到时需要缴纳的一年学费。

命运并没有因为这个家庭的不幸就格外开恩，2010年2月，68岁的父亲突发脑溢血。许大卉说："我回家的时候，爸爸嘴巴斜了，半边脸也塌了，眼睛一只睁着一只闭着，身子也瘫了。"父亲突然的病倒让这个原本就脆弱的家庭一下子失去了所有的经济来源。

新学期开学后，许大卉把母亲托付给了亲戚邻居，带着瘫痪的父亲来到武汉，一边读书一边照顾父亲，还要一边勤工俭学。

许大卉每天早上五点钟起床，简单洗漱后出门买菜，回来后照顾着父亲起床洗漱，然后又要忙着准备父女二人的早饭。不放心让父亲单独留在住处，从大约六点钟开始，她就背着父亲慢慢往教室走，与其说走不如说是挪，常人十分钟走完的路程她需要近一个钟头。中午还要到食堂打工，食堂的工作虽然薪资微薄却解决了她和父亲的午饭，还会有一些报酬，这让许大卉格外珍惜。下午下课后，她还要去卖三个小时的桶装水，做那些成年男性都很吃力的体力活。

下午的工作结束后，她又要为父亲准备晚饭，父亲的牙口不好，她需要把菜炖得烂烂的，然后耐心地一勺勺地把饭喂到父亲嘴里。吃过饭她还要帮着父亲做恢复锻炼："如果不锻炼的话，爸爸的腿部就容易变得僵硬，肌肉会慢慢萎缩。"

等到这一系列的事情忙完后，她照顾着父亲睡下，在夜深人静时，她才有功夫钻研一下学业，很多时候抱着书本就和衣睡着了。

生活如此艰辛，她的成绩却一直没有落下，她曾先后两次获得国家甲等助学金，2011年4月，团中央、全国学联授予许大卉2010年中国大学生自强之星标兵。在全国7700余名候选人中，标兵仅有10人。

经历苦难，每个人自然而然地会产生一种悲哀的心理，这是人的本能反应，但人的伟大之处就在于可以管理自己的情绪。这时我们要提醒自己，悲伤不能丝毫改变眼前的苦难，反倒会将眼前的苦难放大，让原本就不幸的人生雪上加霜。

苦难中的人要清楚地认识到不幸已经来临，当前需要做的就是尽快走出悲伤，想尽一切办法来挽救眼前的不幸。过度的悲伤只会让人的意志消沉下去，生活将变得更加糟糕，强撑一口气，与不幸抗争，相信天无绝人之路，也许就会走出困境。

一位60多岁的老太太，先是眼睁睁看着一起生活了40多年的老伴离开了人世，不久老夫妇二人唯一的儿子又死于车祸，老太太伤心欲绝，认为人世间再没有什么值得她留恋的了，独自吞了农药等待死亡。

可是农药失去了药效，老太太昏迷了大半天后又醒了过来，她觉得老天又一次捉弄了她，连死都那么不顺心。

朋友得知她吞农药的事情后赶紧赶来，劝她千万不能轻生，一旦她死了不但没有人给她下葬，还要在身后背负欠债不还的骂名。这时老太太才想起身上还有数万元的外债没有还，是儿子住院时她到处求人借下的。

极其看重名声的老太太决定活下去，拼了老命也要把这笔债务还清了。老太太没要退休金，她就每天背着麻袋到路边的垃圾桶里捡空瓶子卖废品，后来她又在邻居的帮助下办了低保，她把低保每月发下的钱存起来，买了一辆破旧三轮车，每天大早上起来卖早点。

无论是滴水成冰的寒冬腊月，还是酷热难耐的三伏天，老太太每天都四点多钟起床，把每天要用的食材准备好，然后骑着三轮车出门卖早点。白天她还会到处捡点空瓶子去卖，后来老太太终于在70多岁的时候把那笔债务还清了。

苦难中会痛彻心扉，也会濒临崩溃，却不能满眼绝望。苦难和人生是一种竞争关系，你强它就弱，你弱它就强，悲观只会助长苦难嚣张的气焰。

李敖说："不怕吃苦，吃苦半辈子；怕吃苦，吃苦一辈子。"苦难中的选择决定了以后的人生，选择了悲观就等于走向了消亡，苦难中的人哪有权利选择悲观，只有自强不息、拼尽全力才是唯一的出路。

苦难中的人要想在生活中杀出一条生路，首先要做的就是战胜自己，让自己不再悲观，心怀希望，鼓起勇气，向着眼前的虎狼之师提刀冲去。

8. 没有谁离开谁就活不下去

在这个世上，从本质上来说每个人都是独立的个体，人和人之间的羁绊也不能否认这一点，生命中一个很重要的人离开了你的世界，你悲痛、伤心、无助，但生活仍然可以继续，有时候一个人甚至可以活得更好。

小美大学刚毕业，陪着当时的男朋友来到北京闯荡。他俩是高三的时候在一起的，大学四年不在同一个城市但这段感情终究维持了下来，为此他们决定一起去北京闯出自己的一片天地，来弥补大学四年的分离时光。

到北京没多久，因为一系列的原因两人分手了，那时候小美的世界里除了男友什么都没有，为了照顾好他，小美没有找全职的工作，只是每天下午出去做一些兼职，爱情的突然离去让她的世界彻底崩塌，她不知道该如何是好。

回家沉沦了一段时间后，小美终于走出了失恋的伤痛，她只身一人去了一个南方的城市，凭着自己的专业她找了一份相对满意的工作，并在单位附近租下了一间房子。

小美的生活能力本就很强，没有了男友她过得倒也踏实。她在路边捡回一只小猫养在家里，以前男友讨厌宠物，这种事情她想都别想，从此一人一猫开始了平静的生活。

她每天很早起床，做好自己的早饭和午饭，拍下一张漂亮的照片，然后把午饭放到冰箱，吃过早饭后去上班，中午到家把午饭热一热吃完就午休一会。下午下班后，她会给自己做一顿丰盛的晚饭，犒劳一下辛苦一天的自己。晚饭后她会抱着猫出门散散步，吹吹风，回到家后半躺在床上看会书直到累了睡觉。

周末她会参加各种各样的活动，她的单身生活忙碌但很精彩。

也许是心无旁骛的原因，她在工作上总能投入百分百的注意力，她的进步比任何人都要快，薪资也是不断增加，渐渐地单身的生活让她感到平静和满足，期间也尝试着谈过两个男朋友，但都没能走到最后。

后来小美不再着急投入到恋爱中去，她选择一个人生活。

友情、爱情离开了，疼痛在所难免，但生活仍然要继续下去，从伤痛中走出来，全身心投入到平静的生活中去，我们发现一个人照样可以过得很好。一个人的柴米油盐也会有它独有的美味，一个人的日出日落也会有它特有的迷人，就连一个人的火锅、一个人的电影也会有两个人所体会不到的感动与温馨。

曾经在网上看到过一个帖子，帖子的主题是《只要你想，一个人照样可以过得很好》，网友在下面互动得热火朝天，几乎每个精彩的个人生活背后都曾有过一段"在一起的不开心"，或是友情或是爱情。

一个人可以带着单反去自己想去的地方；一个人为自己做一人份的午餐，花尽心思不为讨好别人，只为享受过程的欢乐和精致的生活；一个人读书写字，有的时候安静地独处要远胜过一群人的狂欢。

无论是友情还是爱情，两个人走到了一起都是命运的安排，但两个人分开也是命运在作祟。那些将要转身离开的背影，我们曾拼尽全力去挽留，也曾因为他们的离开而伤心欲绝，这是人之常情，毕竟分别都是痛苦的。但你要知道，没有谁是离不开谁的。与其一味地委曲求全不如早日挣脱，换取两个人的自由。

你要相信，无论离开了谁生活都可以继续下去，有的时候一个人照样可以活得很精彩。

很多人认为独自生活的人都是被群体所排斥的人，都是得不到友情和爱情的人，他们都是不讨人喜欢的人。似乎独自生活是一件丢脸的事。这样就有了那些用委屈自己去换得群体中一席之地的人，这种人才是最可悲的人。

一个人选择独自生活与他优不优秀、招不招人喜欢是没有多大关系的。《论语》里说"君子周而不比，小人比而不周"，优秀者之间的交往总是会保持一定距离的，彼此惺惺相惜却又彼此独立是最好的交往方式。

一个人生活，也许最开始的时候你会感到孤独和凄凉，但时间久了你会发现一个人生活自有它的迷人之处，除了孤独和凄凉外，还有随心和随性，渐渐地你会爱上这样的生活。

每个人都是一颗会发光发热的恒星，无需再去别的地方求温暖，与其和那些并不合适的人在一起，让自己的光和热被掩盖，不如独自生活，独处一片天空，你会发现自然有来寻求光和热的卫星。

面对那些将要转身离去的背影，可以悲伤，可以挽留，但不能沉沦，这个世界上没有谁离开了谁就难以活下去。

想要公平，等你强大了再说

1. 别让恐惧的心理摧毁你

美国作家斯蒂芬·金的著名小说《肖申克的救赎》中有这样一句话："恐惧让你沦为囚犯，希望让你重获自由。"

很多时候，恐惧只会把未知的困难放大，这是一种人为自己制造困难的行为，当鼓足勇气去做的时候，就会发现其实一切并没有那么可怕。正如罗斯福所说："我认为克服恐惧最好的办法是，面对内心所恐惧的事情，勇往直前地去做，直到成功为止。"

著名导演李安在30岁之前很怕水，洗脸时必须把毛巾里的水挤得一滴不剩，洗澡从来只冲淋浴，最多不能超过五分钟，时间一久他便会感到头晕目眩，朋友们都调侃他是属猫的，天性怕水。

只有李安的弟弟李岗知道，他怕水是有来由的。1965年，随着父亲工作的变动，李安兄弟从花莲转到台南去读书，班上的孩子们都讲的是闽南语，讲国语的李安兄弟与周遭环境格格不入。

某天放学后，李安见弟弟迟迟没有回家，便出来寻找弟弟李岗。在一条河边，李安看到弟弟被一群孩子围着，看情况他们要把李岗扔到河里。李安冲上去要救弟弟，但对方人数有明显的优势，他反被几个孩子抓住了手脚。他们抬着李安就往河里扔，不会游泳的李安在水里挣扎许久，使坏的孩子见李安不会游泳都被吓跑了，只有李岗在岸边不知所措地大哭，弟弟的哭声引来了附近的村民，李安在水里挣扎了近五分钟后，终于被救起。

得救后李安大病了一场，又是呕吐，又是发烧，有时还陷入昏迷，反反复复折腾两个月才痊愈，从此李安便对水产生了恐惧。

结婚后，妻子曾想尽一切办法，企图帮助李安克服对水的恐惧，最终都没能奏效。

后来事业上的瓶颈让他陷入困境，一位知名制片人曾对他说："李，你太东方，太克制了！做电影要的是疯狂，你不合适！"这样的评语让他连夜失眠，他决定挑战自己的恐惧。

首先从水开始，先是在家里买来一张水床，要以此来模拟身处波涛之中的感觉，绕床三周之后，深吸一口气跳上了水床，这个大胆尝试让他瞬间四肢瘫软，好在走出了第一步。

下一步是挑战浴池，走进浴池的那一刻，他再一次失去了全部知觉，最后只能由妻子搀扶着走出浴室。

在多次尝试后，他终于战胜了水床和浴池。

下一步他要挑战的是潜水，决定了之后，他预定了一个在马来西亚西巴丹岛培训的潜水训练。教练是个不苟言笑的小伙，第一节课就把他整个人扔进了海水里，他有生以来第一次像鱼儿一样被完全扔进了水里。

潜水课程让他倍受折磨，课程结束时，他已经完全消除了对水的恐惧。这才有了享誉全球的《少年派的奇幻漂流》。

恐惧是人类与生俱来的情绪，它和人类的历史一样久远。恐惧是我们面对将要发生的危险时，人类本能产生的一种情绪。恐惧会让我们保持警惕，这是一种自我保护意识。可以解释为一种心理障碍，大多事情并非是真正值得恐惧的。

心理学家发现：当人们认为自己没有能力把一件事情做好，或者说可能把一件事情搞糟的情况下，就会产生恐惧意识。但是当你真正去尝试的时候，就会发现这种恐惧其实是毫无依据的，有时甚至是可笑的。

别让恐惧成为我们人生的桎梏，战胜恐惧未来才能有无限可能。

战胜内心的恐惧，首先要清楚地认识到，一切的恐惧都是自身把困难放大了，一些本就存在的困难，被我们主观的放大后便会产生恐惧。意识到这一点，反其道而行之，将困难缩小，恐惧便烟消云散。

有时候，恐惧的源头在于我们把困难看得过于具体。面对困难知己知彼固然是求胜之道，但一些过于琐碎的困难都被我们一一列出，便会在数量上给我们一种压迫感，由此恐惧的情绪便产生了。大多数情况下，那些琐碎的困难是可以忽略不计的，在数字上弱化它，恐惧也会随之减弱。

恐惧就像神话故事里的妖魔，我们先入为主地告诉自己它是可怕的。在此基础上我们不断为它的可怕添油加醋，但妖魔又有谁真的见过，不过是自己吓唬自己罢了。

战胜恐惧的关键，在于迎难而上。正如马克·吐温说的："勇敢并非没有恐惧，而是克服恐惧，战胜恐惧。"恐惧的可怕之处就在于它的虚无和神秘。当我们直面它，挑战它，揭开它神秘的面纱，就会发现其实它并没有那么可怕。

人生总是充满希望的，别让那些虚无缥缈的恐惧，遮住了那道来自美好未来的光。

2. 人生没有公平可言，只有强弱之分

作家马德曾在书中写道："这个尘世，所有的尊崇和仰望，所有的风流和威武，所有的敬重和屈从，所有的话语权和决断权，甚至是所有的阿谀和谄媚，只会指向一个方向：强者。这是不公平之巅的最大的公平，这也是横扫一切的法则。也就是说，这天下，永远是强者的天下。"

我们总希望能够被世界公平相待，但是各种差距的存在，让这个世界没有办法存在绝对的公平。最初是成绩，然后是工作，再然后你跟别人的财富、格局和见识，物质和精神上的差距越来越大。爱情尚且讲究门当户对，所以不论是工作还是爱情，都会更倾向于那个强者。

寓言故事中，一个小蜗牛问他的妈妈，为什么他们生下来就要背负重重的壳？蜗牛妈妈说，因为蜗牛生下来没有骨骼，

没有翅膀，不能钻到土里，只能爬行，而且爬不快，所以我们用壳保护自己。而就是这些蜗牛，创造了一个奇迹。

有一篇报道提到，一支考古队从飞机上用绳降落到了金字塔的顶部。几只雄鹰落荒而逃，雄鹰可以飞得很高，它们能飞到这里不足为奇。但不可思议的是，金字塔顶上还发现了很多的蜗牛。这些蜗牛是怎么爬到这相当于40多层楼高的金字塔顶的呢？

这些爬行速度以慢著称的蜗牛，没有翅膀，没有腿，甚至没有骨头的小生物，在没有任何外力的帮助下，就这样以最原始的办法，完成了人类和其他大多数生物都做不到的壮举。经过无数次的坠落，一天，两天，一个月，两个月，就这样慢慢地，一步步地，爬上了世界上最壮观的石头建筑。

没有强力的翅膀，不能像雄鹰一样振翅高飞，但蜗牛仍旧登上了顶峰。有的人一生下来，父母就为他打点好了一切，而有的人生下来就被抛弃；有的人生下来健康活泼，而有的人生下来就天生残疾；有的人出生富贵，有的人家境贫寒。

俞敏洪（新东方教育创始人）曾说过："你不努力永远不会有人对你公平，只有你努力了，有了资源，有了话语权以后，你才可能为自己争取公平的机会。"人生没有绝对的公平，只有成为强者，才能够要求公平。

《风雨哈佛路》中的女主角丽斯，在一个父母都是瘾君子，而且贫穷的环境下长大。15岁的时候母亲去世，父亲进入收容所，孤苦无依的丽斯只能靠乞讨为生。在城市的角落里流浪，生活几乎只有苦难。一起乞讨的街头少年，经常大吵大闹，不停地抱怨家庭，抱怨生活，抱怨遇到的一切……

丽斯没有地方可以去，没有人可以依靠，她觉得自己被全世界都抛弃了。在这个强者生存的地方，有能力就是真理。如果一个软弱无力的少年被欺压，只能说他自己不够强大。丽斯没有放弃自己，她相信自己可以主宰生活，用知识改变命运！最后她凭借自己的努力走进了哈佛大学。

这个逆袭的成长经历并不仅在荧幕中存在，而是根据实事改编的。电影主人公原型在一次演讲时说："没有任何人能干扰你的生活，让你停步不前，因为人生是属于自己的。"

小珍的家境一般，为了能让她出国留学，家中过得十分拮据，去超市买东西会一一比对商品价格，恨不得比对一下小数点后面的数字，能省就省。而小珍自己也几乎从不逛街，偶尔陪朋友去买首饰买衣服，也目不斜视，钱包捂得死死的。

小珍从小可以说是"放养"长大，自己想怎么玩就怎么玩，而家里富裕的孩子，从小就学得一口流利的英语，整个起跑线就拉出好远的距离。为了出国，她背英语背到凌晨两点，而一起要留学的几个同学，吃喝玩乐丝毫没有压力。许多同学去有亲戚的国家留学，日子过得十分滋润，而小珍则住在最便宜的出租屋里吃着泡面。

小珍知道，这些先天条件自己没有，就只能努力，让自己强大起来。毕业后，她在工作上不敢有丝毫怠慢，熬夜加班是家常便饭。顶风冒雨去找客户拉关系谈合作，在烈日下她走遍了城市的各个角落。

没有绝对的公平，与其去评判不公平，不如多想想怎么去面对不公平，怎样成为强者，靠自己的能力来创造公平。

3. 没有翅膀就努力奔跑

在现实生活中，绝大多数人如你我一样。我们都很平凡，平凡到这个世界简直感觉不到我们的存在。没有显赫的出身，没有天赋异禀的才能，没有翅膀的我们必须努力奔跑，只有这样，我们才不会被牵绊，得以和生命中最惊喜的际遇相逢。

出生于澳大利亚的尼克·胡哲天生没有双臂和双腿，只有在左侧臀部下，有一个带着两个脚趾头的"脚"。由于身体的残缺和同学的欺凌，小尼克非常消沉难过，甚至一度不想活下去。直到有一天，他看到一篇文章，是一名残疾人给自己设定了一系列的目标并自强不息地完成的故事。他受到启发，虽然自己没有健全的四肢，但是只要他愿意，依旧可以做很多别人做不到的事情。

于是他开启了自己的"奔跑模式"，尼克从天生没有四肢到无所不能，他不仅适应了生存环境，还可以自己刷牙、洗头、玩电脑，参加各种运动，获得了双学士学位，还被授予"澳大利亚年度青年"的荣誉称号。为了鼓舞更多的人，尼克巡回各国发表演说。

尼克说："我喜欢各种新挑战，例如刷牙。我把牙刷放在架子上，然后靠移动嘴巴来刷，有时确实很困难，也很挫败，但我最终解决了这个难题。我们很容易在第一次失败后就决定放弃，生活中有很多我没法改变的障碍，但我学会积极地看待，一次次尝试，永不放弃。人生的遭遇难以控制，有些事情不是你的错，也不是你可以阻止的。你能选择的不是放弃，而是继续努力争取更好的生活。"

没有翅膀，我们也可以到达自己想去的地方。奔跑起来，让生活充满更多的可能性。人生就像一条赛道，如果不努力奔跑，注定会失败。没有哪一个机会是理所当然属于你的，只有当你奔跑起来的时候，脚下的路才能得以延伸，生命中的机遇之门才会为你打开。

在外打拼的我们都是这样，要更好的生活，要更好的工作，就要将全部力量集中于脚下，将全部的目光聚焦在前方，一步步无比坚定地跑下去。

一个高中男生是忠实的摇滚乐爱好者，但他天生五音不全，还不识谱。尽管如此，他也没有放弃自己对摇滚的研究，到后来你随便说一个摇滚明星或乐队的名字，他就能够说出乐队的所有作品和风格特点，俨然成为了一部摇滚小辞海。最后终于过关斩将，成功跻身于一家知名音乐杂志社。

只要梦想没有折断翅膀，只要肯努力，你就一定能到达你想去的地方。努力奔跑吧，就像尼采说的："如果这世上真有奇迹，那只是努力的另一个名字，生命中最难的阶段，不是没有人懂你，而是你不懂自己。"

这个社会的规则就是适者生存，优胜劣汰。有些人明明已经很成功了，但还是很努力，我们又有什么权利不拼命努力呢？

忘记结局，别去管能在哪个转弯超越什么人，也别去管最后是否能捧得奖杯，你只需要奔跑，将全部的目光聚焦在前方，一步步无比坚定地跑下去。只有这样，你才能不被所谓的终点牵绊住脚步，得以和生命中最惊喜的际遇相逢。

一个努力的人，一定会有好运。当你倾尽全力付出时，整个世界都会过来帮你。人生只有一次，只有努力才能改变一个人的成长轨迹，为了遇见更好的自己，努力奔跑起来吧！

4. 在你成功之前，没有人会在乎你的努力

比尔·盖茨在一次应邀参加的毕业典礼上，对即将走出校门踏入社会的青年一代说："这个世界不会在乎你的自尊，它期望你能先有所成就，然后再去强调自己的良好感受。"在这个越来越看重结果的社会，你成功了，你的努力就值得别人去标榜学习；如果你不成功，你的努力就一文不值。

黄渤在成名前曾经唱歌，跳舞，还做过配音。第一次做演员的时候，他经常演着演着就自己喊一声："停！"然后一场好好的戏就这样作废了，所有部门停下手中的工作，茫然地看着喊停的黄渤。黄渤说："我觉得刚才演得不好，我得重来！"然后导演实在忍不住了，对他说："不太好也是我说，我说不好才叫不好！只有导演能喊停你知道吗？"

黄渤记住了只有导演喊停才能停的纪律，有一场戏在北京西客站，他饰演一名离京回家的角色。开机后他就往站里一直走，走进站里也没有人喊停，再不喊停，就要撞墙了！黄渤透过玻璃窗回头看，剧组已经在收拾道具要装车了，根本没有人拍摄这里。

在你成功之前，没有人在乎你的尊严和付出的努力。如果我们丢不开面子，放不下尊严，没办法打破生涩，扮演不了在

众人的嬉笑中不断进步的角色，那么我们只能是生活中的看客。光环从来都只会停留在成功的人身上，他们曾经的努力，成为了人们口中的励志故事。而对于失败的人，仍旧在最不起眼的角落默默努力着。

微信朋友圈有一段话很流行："这是一个充满物欲与浮躁的时代，没有人在意你想什么，也没有人留心你做什么。在你做出成就之前，你要忍受拷问心灵的寂寞孤独，端正愤世嫉俗的倾斜心态，抵御时常袭来的诱惑冷箭。如果没有功成名就，就不要过分强调你的自尊，失去了成功的保护光环，自尊只是一张薄薄的纸，谁都可以轻易地捅破它。"

阿丽毕业之后到一家的公司实习，因为业绩突出很快转正了，并被破格提升为小组长。于是公司便多了很多闲言碎语，说她只是靠后台，有个当总经理的爹……阿丽听到后觉得十分委屈，自己为了工作经常出差加班熬夜，我拼的都是命，怎么到别人嘴里就变成拼爹了呢？但是阿丽并没有被这些流言打败，她要用自己的成功来堵住悠悠众口。

阿丽主动接手了同事称为"鬼见愁"的几位大客户，然后开始熬夜作市场调研，最忙的时候一个月没有回过家。她做的方案成为公司的模范作品，她的敬业也赢得了客户的赞誉和信任。整个销售部在她的带动下，风气和业绩都提升了一倍。之后，她被破格提拔成为公司最年轻的部门经理，几乎再也没有人质疑她的成就，她的拼命和优秀，有目共睹。

生活中我们都像是攀登者，想要登上山顶，就必须要付出努力。坚持不懈，永不认输，把所有的努力化成汗水，直到你站在了最高峰。

作为一个普普通通的人，不要为了自尊逞强，别让风言风语挡了自己的路，努力朝着目标迈进，就能获得事业的发展和成功。若事业有所成就，之前那些说你的人自然会闭上嘴巴，对你刮目相看。你若一直平平凡凡，无所建树，即使自持身份，也会被人们忽略而不被注意到。

台湾作家九把刀在书里说过："有些梦想，纵使永远也没办法实现，纵使光是连说出来都很奢侈。但如果没有说出来温暖自己一下，就无法获得前进的动力。"不要因为别人看不到你的努力就放弃，我们努力，从来都不是为了让别人在意。

你还没有成功的时候，不论你如何努力，多么狼狈不堪，一路的摸爬滚打，只有你自己知道。这一路走来，受过多少委屈，吃过多少苦，总有一天你会发现当年的努力会派上用场。

5. 你不努力的今天，就是一个你不满意的未来

对于在工作上享受安乐的人们，有一句非常流行的话："今天工作不努力，明天努力找工作。"

安瑞顺利面试成功进入公司后，觉得自己已经有了保障，便开始了安逸的生活。工作不思进取，他成了公司业绩最差的销售员。当公司传出要裁员的消息时，安瑞成了所有人认为的第一裁员人选。

安瑞也开始不安：我真的会被裁掉吗？如果没了工资收入，我的家人该怎么办呢？于是他开始反思，因为这段时间太安逸，让自己失去了斗志，也让自己陷入了被淘汰的局面，他坚定地

告诉自己："我要重新开始!"

安瑞剪短头发，精神百倍地开始了新的工作模式。短短几个月，他的销售业绩明显提高，也打破了裁员第一人选的谣言。正是因为当时的懈怠，让安瑞陷入了被裁员的危机中，如果不下决心去努力工作，那他又怎么能有前途可言呢?

如果你不满意现在的生活和工作，那就应该反思一下你自己，因为每一个你不满意的现在，都有一个不努力的曾经。你现在的结果，都是你以前的种种行为造成的，如果一个人肯吃苦，肯努力，无论如何将来也不会过得太差。

蔡康永写过这样一段话:15岁觉得游泳难，放弃游泳，到18岁遇到一个你喜欢的人约你去游泳，你只好说"我不会";18岁觉得英文难，放弃英文，28岁出现一个很棒但要会英文的工作，你只好说"我不会"。人生前期越是嫌麻烦，就越懒得学，后来就越有可能错过让你动心的人和事，错过新风景。

不努力的人生会很舒适，于是很多人在应该奋斗的年纪，选择了安逸舒适，最终只能活在一个并不舒适的未来。现在吃苦是为了以后不吃苦，如果不明白这个道理，遇到困难就一味地回避，那么当好的机会来临，你也无法抓住，眼睁睁看着机会从眼前溜走。年轻正是吃苦的时候，正是发奋的时候。努力奋斗吧，在不远的将来，你就会发现一个全新的自己。

说起彭于晏，首先想到的就是他棱角分明的脸和8块腹肌的肌肉男神。然而你是否知道彭于晏曾经是一个不折不扣的"胖子"。进入中学的彭于晏身高160厘米，而体重也飙升到了

150 斤。"现在只要搜索'彭于晏'，跳出来的都是肌肉。"他自己调侃道。

同样是健身锻炼，我们身边很多人喊口号都喊了无数遍，每天说要减肥瘦身，结果刚说完就会吃得一片狼藉，办了一张健身卡，却从来不去，或者过去拍几张照片发朋友圈就算完事了。想要得到好的身材，想要找到好的工作，想要的太多，而做的又太少。

有一段时间，微博上特别流行这段话："当你不去旅行，不去冒险，不去拼一份奖学金，不过没试过的生活，整天挂着QQ，刷着微博，逛着淘宝，玩着网游。干着别人80岁都能做的事，你要青春干吗？"

时光像一列高速行驶的列车，匆匆而过，跟着别人一起下车，你还不知道往哪里走，而别人都迈着坚定的步伐，讨论去哪里投资去哪儿买房。那个时候依旧一无所有的你又该何去何从呢？趁着现在，趁着年轻，赶紧行动起来吧！未来正在到来，你付出过怎样的努力就会有怎样的结果。

今天的生活是由你三年前的所作所为决定的，同样的，今天决定着你三年后的生活。生活不是用来重复的，而是用来改变的。从现在开始你就应该努力，为了三年后的自己，为了给自己一个满意的未来。

迷茫、困惑都是正常的，但人生才刚刚开始，你的未来靠你自己来书写。不要总想着给自己留退路，不要抱怨，每一天都把自己分内的工作做到力所能及的完美，总有一天，所有的美好会主动来找你。

6. 把自己活成一个励志故事

那些名人的故事我们总是耳熟能详，我们喜欢读罗曼·罗兰的《名人传》，那些巨人的生平让我们热血澎湃，放下书本面对的依然是平淡的生活，把平淡的生活过得不平庸，让自己变成自己的英雄，每个人都会是一个励志的故事。

阿联的事迹是朋友们口中最真实的励志故事。升到高三后看到身边的同学都在为考大学而努力学习，阿联产生了前所未有的危机感，他向来不是一个甘居人后的人，在大学这个分水岭上他照样不能被甩开，他要考大学，朋友们却一阵哄笑。

阿联知道考大学这件事情希望基本为零，高一高二两年，都在厮混中度过，英语只能考 30 多分，数学只能考 50 多分，就连语文他也只能考 70 分，在班里他的成绩从来都是倒数。

他要考大学，意味着高三一年需要学完高中三年所有的课程，而且几乎所有课程他都是第一次学。

因为成绩的原因，他的座位在教室最后面的角落里，老师讲的内容，黑板上的板书对他而言仿佛在天边。没办法，他只能每节课拿着自己的凳子，坐到讲台旁边的位置，用脊背去接受同学们的嘲笑，眼睛和耳朵用来接受老师传授的知识。

一天三顿饭，他不是找最好吃的，也不是找最便宜的，他选择排队的人最少的、最省时间的饭菜，匆匆吃完就赶回教室做一个题，背一段知识点。

他住的宿舍是高三年级最乱的宿舍，学校和班主任都对他们这帮"没有希望"的孩子，采取一种放任自流的态度，所以舍友们逃课，打游戏，喝酒，什么都干，就是不学习，每天夜里是宿舍最热闹的时候。

但是夜里也是最佳的自习时间，他在教室里学到统一熄灯后回到宿舍。这时宿舍已经热闹起来了，他一个人爬上床，戴着耳机，做数学题。下铺的舍友聚集在一起喝酒、聊天都与他无关。

第一次模拟考试后他的成绩有了小幅提升，班主任老师见他努力，允许他把桌子搬到讲桌旁边，这样讲桌旁边成了他的座位，他的拼命也被全班同学见证着。

以后的日子里，他的成绩飞速提升，有一次他的数学成绩甚至考了130多分，这让全班为之震惊，渐渐地他成为了班里议论的对象。高考时他压着线考入了大学，成为了班里至今流传的神话，同学们给这个神话起了个名字"一年考上大学的人"。

日本有句格言："如果给猪戴高帽，猪也会爬树。"没有什么事情是不可能的，还没尝试就说"我不行"是一种自我的否定。一旦有了这样的心理，就必然会导致失败。只有充分肯定自己才会创造奇迹。

只要努力一些、拼命一些，每个人都可以成为故事里的人，反过来看，那些故事里的人当初不也是我们这样的平凡人吗？

1996年，他毕业于某电视播音学校，这是个中专文凭，他只是一个中专生，一个中专生想在广播电视领域站住脚，可以说是一件天方夜谭的事情，他学的专业和他的文凭之间的矛盾注定了他的职业生涯必然会是一个励志的故事。

凭着这个文凭，他进了湖南电视台，但在台里他什么都做不了。他的第一个职位是剧务，所谓剧务就是节目现场打杂的人员，除了技术活，他什么都做，刚去的新人更是只能做那些最脏最累的工作。

有一次导演让他搬椅子，200多张椅子需要他一个人搬完。他搬的这些椅子不是平日里坐的那种轻巧椅子，这些椅子全部是实木的，细胳膊细腿的他一次只能左右手各拿一张，200张椅子他需要来回跑一百次才能搬完。椅子搬完后他一屁股坐在地下，想拿起杯子喝口水，却发现双手已经脱力，一个杯子都捏不住。

这样的工作不是偶尔才做，这是他日常做的最多的工作。实在累得不行就安慰自己："你看，我搬的这张椅子，很可能是毛宁坐的。"

有时候会有给到场观众分发礼品的工作，分发的礼品需要提前放在椅子上，等明天观众到来后自取。这样的工作往往在一天工作结束后才会安排，别人都不愿意做，他却一个人独揽下来。

台里领导见他勤恳，升他做了现场导演。现场导演的工作是调动现场氛围，这也是一份苦差事，他带头喝彩总是吼得失声，带头鼓掌，一场演出下来双手肿得厚厚的。

凭着这份努力他逐渐做了主持人，直到成为全国著名主持人，红遍大江南北，他就是汪涵。当初电视台里中专文聘的剧务，今天全国最优秀的主持人。

励志并非伟人专属，伟人也并非天生就是伟人。每一个生命之初都是一样的平凡，伟人的伟大之处，就在于他们敢于去做不寻常的事情。那些名人的生平总能激励我们，其实激励我们的不是他们的成就，而是他们奋斗时的气魄，这是他们和我们最大的区别。

很多时候一个人的气魄会决定一件事的成败，相信自己的能力，大胆地去拼，大胆地去闯。平凡的人会因为这样的气魄变得不平凡，平凡的事也会因为这样的气魄而变得伟大。每一个人都可以活出一个励志的故事，相信自己，在自己的一片天地中你就是一位超级英雄。

7. 总要先拼尽全力，才有资格说放弃

人最大的敌人往往不是别人，而是自己。我们羡慕别人不走寻常路，闯出了一片天地，却没想过他们每一个脚印的沉重。我们把放弃和退却当成了习惯，一不顺心就跳槽，一言不合就分手，在真正拼尽全力前，又怎么好意思说出那句"我不行"？

曾经有人提出一万小时定律，就是说如果你花一万个小时的时间在一件事情上。每一天一点一滴的努力，那么在这件事上你就会成为专家。听起来很简单，但很多人在坚持不了多长时间后就放弃了。每天坚持努力，就能得到意想不到的成果。

安藤忠雄二十多岁时，就开始全心投入做室内家具设计工作。但有一次，客户问他是不是一级建筑师，他哑口无言，因为自己什么也没有，他心里想着一个证书有那么重要吗？后来，他才知道，在建筑行业中这个证书很有必要。

不是科班出身的安藤忠雄，连参加这个考试的资格都没有，参加二级考试需要七年的建筑行业经验，一级资格证要求更高

了，需要考完二级资格证书之后三年才能考。他暗暗下定决心要一次考过，于是每天中午利用吃饭时间，边啃馒头边恶补建筑专业书，到了周末也不例外。

一场苦战后，安藤忠雄终于考过了二级和一级的资格证书，要知道在很多一流大学，那些专业知识强而且擅长考试的建筑学研究生，他们的一级建筑资格考试的合格率也不高，因为一级考试太难了，有的人甚至几次都没考过。

其实在很多人看来很难的事情，自己从心里就会下一个定义，这个很难，于是在事情还没有开始的时候，就给自己找好了退路。在安藤忠雄看来，那些学生考不好是缺乏那种拼尽全力的决心。正是这种决心，支撑着他最终度过重重磨难，最终摘得桂冠，成为一名从未受过正规科班教育，却颇具影响力的世界级建筑大师。

很多人遇到困难、遭到拒绝的时候，就觉得没有办法继续坚持下去了。很多时候我们觉得自己努力了，但是并没有拼尽全力，我们应该做到"努力到无能为力"才可以，至少不要在几个拒绝后就放弃自己，我们能做得一定可以更好。

尼克没有放弃，他用行动诠释了自己拼尽全力的生活。尼克还年轻的时候，他打电话到学校推销自己的演讲。在被拒绝五十多次后，他终于得到一个 5 分钟的演讲机会和一点薪水。也就是从那次的演讲开始，他的演讲生涯拉开了序幕。他的演讲风趣幽默，很有感染力，他与众不同的人生经历给了所有人坚持生活的理由。

没有谁的成功是一蹴而就的，生活中我们经常会受到质疑，遭到拒绝，但请不要放弃，一定要坚持走下去。不要把路想得太难，只要坚持下去，你就是那个了不起的人。

《顶碗少年》中，表演杂技的少年头上顶了十一个碗，当他把第十二个碗扔上去的时候掉了下来，试了两次都没有成功。台下的观众都起哄喊道："下去，下去吧！看下一个表演了！"在大家都以为他要放弃的时候，顶碗少年接着进行第三次表演。从头表演，他的心里也充满了压力和紧张，但他吸取了前两次的教训，终于成功把碗漂亮地摞在一起，顶在了头上。

曾经看过这样一句话："如果说努力和拼尽全力之间有什么区别，那就是当你努力的时候，你会觉得自己已经拼尽全力了。当你拼尽全力的时候，你会觉得自己还不够努力。"在你想要放弃的时候问问自己，是不是做到了拼尽全力呢？

8. 唯有努力，才能发现人生的另一种可能

努力可以让我们的人生有选择，有另外一种可能。不努力的女人，引用一种流行说法就是只有两个选择——穿不完的地摊货和逛不完的菜市场。《离婚律师》里说："我认真做人，努力工作，为的就是有一天当站在我爱的人身边，不管他富甲一方，还是一无所有，我都可以张开手坦然拥抱他。他富有我不用觉得自己高攀，他贫穷我们也不至于落魄，这就是女人去努力的意义。"

不要轻易放弃，你的人生就会走出希望。小胡是一位很漂亮的女孩，艺术学院毕业的她一直有一个明星梦。为了能够完成梦想，她试了好多场戏，也拍了几场网剧短片，但是并没有

什么效果。再后来，没人再找她演戏了。她不明白为什么自己就遇不到自己的贵人，遇到一个好的机会？

频频受阻之后，她觉得自己应该回家过无忧无虑的日子，思前想后她想要再努力一把。她对自己说没有机会就给自己创造机会。于是她开始转战幕后，凭借着刻苦的努力，她拉到了赞助，也找到了好的剧本和合作，成功转型成为制片人。

只要自己不放弃，就没有人能够放弃你，不认输，勇往直前，就能得到翻盘的机会。在生活中，经常会有各种阻挠你的事情，各种的不如意，但是只要坚持、只要努力，你的人生就会朝着好的方向发展。

苏格拉底曾经有过这样一节课：他让学生们做一个简单的动作，就是把手往前摆动再往后摆动 300 下，让他们每天坚持，过了一年，他问谁还在坚持，只有一个人举起了手，那个人就是柏拉图。

小霞参加培训的时候，老师也提出了这样的一个要求，当然了不是摆手臂，而是每周写一篇网文。小霞就按照老师的要求，每周都不落下。只是刚开始的时候，写的东西十分粗糙，于是她就每天琢磨有什么好的东西可写，怎么才能写得更好。坚持了一段时间后，她写得越来越得心应手，并且养成了对身边的事物进行观察的习惯，对新的事物也越来越敏感，总能发现生活中有什么不同。培训结束后，小霞是完成最好的一个学生。她终于明白，就是因为柏拉图有这样执着的坚持，才成就了后来的哲学家柏拉图。

在日常生活中，有的人因为平日枯燥的重复，对简单的学习浅尝辄止。而有的人则能够坚持不懈，那些半途而废的人，其实就是输在了坚持上，他们自己把自己淘汰了。

　　7－11的店铺就发生过这样一个故事，一位女高中生在7－11的店铺中打工，由于粗心大意，在进行酸奶订货时多打了一个零，使得原本每天清晨只需3瓶酸奶，结果变成了30瓶。按规矩，那位女高中生将自己承担损失，为了保住自己的收入，于是女生想方设法，将这些酸奶卖出去。

　　女生把装酸奶的冷饮柜移到了盒饭销售柜旁边，并精心制作了一个醒目的POP，即售卖场所的广告，上面写着"酸奶有助于健康"。令她没想到的是，第二天早晨，30瓶酸奶不仅销售一空，还出现了缺货现象。谁也没有想到，这个女孩戏剧性的实践竟带来了7－11新的销售增长点。自然，她也不必担心自己一周的工钱了。

　　生活中很多人遇到过这样的问题，大多数人会先给自己两个耳光，然后省吃俭用，记住教训。但是，既然已经订货了，为什么不能坚持把它卖掉呢？面对问题，找方法解决，把问题当作挑战，把逆境化作机遇。生活蕴含着无限可能，突破自己，路的那一边永远是另一条路，人生没有不可能。

　　只要不放弃，方法总比困难多。

9. 历经残酷的考验，才能看到极致的风景

　　作家李爱玲曾说："流过的泪，要成为一条渡你的河；受过的苦，要照亮你前行的路。"生活并不总是美好的，就像天气，时好时坏，时而阳光灿烂，时而电闪雷鸣，当一场大雨过后，

天空会出现一道亮丽的彩虹。

阿文毕业后在一家小工厂工作，由于没有什么经验又经常出错，没几个月就被开除了。他也没有太大的抱负，换了好几个工作，仍旧不思进取。然而，生活并没有让他舒服太长时间，不久父亲被查出患有胃癌，情况很不乐观。

阿文觉得整个世界都要塌了，顶梁柱一下子倒下了，生活的重担一下子落到阿文身上。他请假回家帮母亲照顾父亲，医院家里两头跑，还要凑钱去治病。那段时间他吃不下饭，也睡不着觉，恨不得自己能够分身。阿文白天在医院照顾父亲，晚上把自己的痛苦和感悟写下来，发到网上。也正是那段时间，他的文章引起了很多人的共鸣。渐渐地，他成为了一名知名写手，出版商也陆续过来谈合作。

日子终于柳暗花明，为了挣够治疗的钱，阿文尽可能多写。有时候甚至一天只能睡一两个小时，连吃饭和如厕的时间都要缩减。那段艰苦的日子成就了阿文，后来他成了一位知名的作家，出了好几本书，也能抽出时间陪伴家人。

经历过才能成长，经受住惊涛骇浪的考验，所有困难也都会变成过眼云烟。而那些吃过的苦、流过的汗水、走过的路，终究会成就更好的你。人或许都是这样，走过了那段最灰暗的日子，生活才会慢慢好转，你才会发现和珍惜世界的美好。

没有谁的一生是一帆风顺的，网上很流行的一句话：人生就像心电图，如果一帆风顺，就说明你挂了。如果吃不了苦，抗不下压力，那世界再美也不是你的。只有经历了各种各样的挫折，在挫折中找到转机。在一次次的失败遭遇中，变得更加强大、从容，才能乘风破浪，最终闯出一片天地，这一步步的坎坷都是我们成长的代价。

一个屡屡失败的年轻人慕名来到一座古寺，寻求寺里老禅师的开导。

老禅师用温水沏了一壶茶，放在年轻人的面前，微笑着请年轻人品尝。杯子冒着微微的热气，茶叶在杯中静静地漂浮着。失意的年轻人端起茶杯，只喝了一口，就摇摇头说："一点茶香都没有。"老禅师说："这可是闽地名茶铁观音啊，你再尝尝。"年轻人再次端起杯子，尝了一口，然后肯定地说："真的没有一丝茶香。"

老禅师于是重新拿了一个杯子，提起水壶注入一线沸水。老禅师一共注了6次沸水，水杯终于注满了。茶叶翻腾起来，一缕醇厚醉人的茶香袅袅升腾，在禅房里弥漫开来。

老禅师说："用水不同，茶叶的浮沉就不同，你第一次喝的是用温水沏的茶，茶叶轻浮水上，怎会散发清香？沸水沏茶，反复几次，茶叶沉沉浮浮，最后释放出四季的风韵，自然清香扑鼻。人生又何尝不是如此，那些不经风雨的人，就像温水沏的茶叶，只在生活表面漂浮，根本浸泡不出生命的芳香；而那些栉风沐雨的人，如同被沸水冲沏的茶叶，在沧桑岁月里几度沉浮，才有那沁人的清香。"

茶香如此，人生也是如此。需要经历苦难的洗礼，挫折的历练。最初的我们是被厚厚的外衣包裹，并不了解生活，也不知道怎样生活，一次次挫折磨难，让我们把包裹着自己的外衣一件件脱掉，使我们更加深刻地感知生活。

历经磨难不仅是人生常态，也是一所学校，生命经受各种风吹雨打才会变得更有力量。如果我们选择逃避人生中的磨难，将永远不能明白人生的真谛，更不可能沿着充满荆棘的人生之路走下去并取得成功。选择勇敢地面对，我们才能在这些磨难中了解人生，才能更好地走以后的路。

10. 你现在不改变，未来只能继续忍受不公平

媒体曾报道过这样一个工厂：两年前，这个工厂和大多数中国工厂一样，环境只能用脏乱差来形容，地上到处都是又脏又滑的油污，总有工人滑倒受伤，因此这个工厂的工伤率很高。

因为环境的脏乱差，工厂里产品的次品率一直居高不下，不少客户因产品的质量问题终止了本来已经谈好的交易。附近做同样产品的工厂很多，只有他们越来越不景气，辞职不干的工人也越来越多。

后来因为劳动纠纷，老板曾想过把厂子关掉。一次偶然的机会，他参观了国外的一个工厂。外国工厂干净整洁的流水线，一尘不染的员工餐厅让他为之动容，他决心向外国人学习。

回国时他请了一位外国顾问，在这位外国顾问的帮助下，从卫生抓起，开始改变工厂的整体面貌。经过两年的努力，这家工厂完全变了一个样子，除了厂房内整洁有序外，产品的次品率也大大降低了，两年来工伤一次也没发生过，厂子的效益也变得越来越好。

这位老板谈起厂子的变化时总说："不是别人不给你机会，你不改变就不要怪这个社会不公平。"

马云说："改变是痛苦的，但不改变会更加痛苦。"无论是

一个企业还是一个人，要想持续生存下去就要学会顺应时代潮流，生存下去才有资格竞争。

在这个社会上生存下去只有两种选择——改变和被改变。改变是主动的，能主动改变的必然会站在时代的前沿，他们都将是游戏规则的创造者。这个游戏接下来怎么玩他们说了算，他们完全可以按自己的喜好来制定新的游戏规则，这就意味着他们在这场游戏中更容易获胜。

被改变意味着丧失了主动权，只能无条件接受别人定好的游戏规则。当我们处在别人定好的游戏规则中，我们的身份是一个新手，但生活的残酷就在于，它不会因为你是新手而降低对你的要求，在激烈的竞争中我们只能忍受这种不公平。

曾经的科技巨头诺基亚，本是这个行业的主宰者。当乔布斯推出具有革命性的苹果手机时，其他品牌纷纷作出调整。采用安卓智能系统来顺应时代的发展，但诺基亚仍坚持使用自家的塞班系统，在新一轮的竞争中马上败下阵来。

到了 2012 年，新的市场雏形已经形成，新的发展趋势也逐渐明朗，诺基亚不得不作出调整，它选择与软件行业的巨头微软合作，推出 windows phone 手机，当时诺基亚的广告词是"不跟随"。但这个时候诺基亚已经不再是游戏规则的制定者了，在新的市场中，它的不跟随只会带来灭亡，不久诺基亚宣布被微软收购。

"落后就要挨打"，这是历史留给我们的教训，当英国人的坚船利炮轰开我们封闭的国门时，做了百年天朝大梦的清政府仍然浑浑噩噩不思变通，在广东查禁鸦片的钦差大臣林则徐，一边和外国人打交道一边搜集关于这个世界其他地方的材料。

后来林则徐被免职，他更是专心做起了这份工作。在被发配到新疆之前，他把搜集到的材料交给了一个叫魏源的人，魏源把这些材料整理丰富写了一本叫《海国图志》的书，这本书是当时介绍西方历史和地理最翔实的专著。

但是这本书在清朝政府里并没有被重视，整个大清帝国对于正处于剧变的世界熟视无睹，更不会考虑变革。但是这本《海国图志》被译成日文流传到了日本，它在日本的出现震惊朝野，间接地推动了"明治维新"的发生。

经过一系列的变革后，日本实现了近代化。在后来的甲午海战中，清政府引以为傲的北洋水师被日本舰队全部歼灭，被迫签下了丧权辱国的《马关条约》。后来，我们的近代化便成了一部血泪史，在别人主宰的世界里，我们永远在忍受着不公平。

《易经》中有这样一句话："穷则变，变则通，通则久。"每一次改变的背后都隐藏着一个重大的转折。转折往往和机遇相伴，拒绝改变就是关闭了机遇的大门，从此你只能眼睁睁地看着身边一个个神话的诞生，而自己却一步步走向消亡。

改变必然是痛苦的，伤口上面长出的新肉永远是伴随着奇痒和疼痛的。但要想恢复，这个过程就不可避免，忍受眼前的痛苦是为了在新的秩序中更好地存活下去，与灭亡相比疼痛又算得了什么。

改变就要从现在开始，自发地去开始，让自己走在时代的前沿，在新的游戏规则中成为主宰。

挺住！别把世界让给鄙视你的人

1. 为什么别人的否定和指责会让你受伤

在别人的赞美夸奖下我们心花怒放，当别人指责否定时我们黯然神伤。就这样，我们一直活在别人的眼光中，但别人从不会为我们的喜怒买单，更不会对我们的人生负责，认可自己才能活出更强大的自己。

小舞姑娘分手了，苦苦相恋三年的男友就这样被她抛弃了，这是因为她觉得男友不如别人家的贴心。

准确地说是在小舞的闺蜜看来，小舞的男朋友对小舞不如别的男生对女友贴心。再加上那段时间俩人经常发生矛盾，小舞的闺蜜建议她分手，然后小舞就这么做了。

分手后小舞整个人精神状态都不太好，有的时候静下心来想想，男友也没那么差。那几天她精神恍恍惚惚的，工作上不能集中注意力，工作效率很低，主管非常不开心，把她叫到跟前痛批她一顿，还说："能力不够就让给有能力的人！"

私下里小舞又开始反思，难道自己真的能力不够吗？闺蜜见小舞一直不开心便约她去逛街散散心。在商场小舞看中一件衣服，觉得很适合自己，但闺蜜却提出了反对意见，并推荐小舞买另外一件。小舞在闺蜜的建议下便买了，回到家穿上后发现自己根本不喜欢，也并不适合自己。

小舞的情绪依然不好，同事建议她请假好好休养一段时间，小舞的假很顺利地被允许了。小舞拖着行李回到了乡下老家，村里人见长期在外的小舞突然回来，便开始问这问那，小舞没有一一回答，有的村民就胡乱猜测。

有的说小舞谈了好多年的男朋友跟别的女孩跑了，有的说小舞被公司辞退了，还有的说小舞得了重病，于是她们就责备小舞不够温柔体贴，工作不够努力，还不懂照顾自己……

面对这些风言风语，小舞很头疼，她索性把自己整天整天地关在屋子里，不久她脸上长满了痘痘……

生活在这个世界上，我们总盼望着受到别人的认同。我们的情绪、我们的选择，甚至我们的一切都在随着别人的意见而改变，似乎我们一直都在为了得到别人的认可而努力。

但是大多数的事情都是"公说公有理，婆说婆有理"，同一件事在不同人的眼中会呈现出不一样的色彩，一件事情想做的让所有人满意是不可能的。生活不是数学题，很多琐碎的事情是没有固定答案的。

或许有的时候别人的意见、看法、指责、非难都是出于善意的角度，但很多时候并非如此。别人不会设身处地地为我们思考，也不会对我们选择的后果负责，他们只是简单地表达出自己的看法。

当一个人变成一群人，当一双眼睛变成无数双眼睛，当一张嘴变成无数张嘴，世俗便形成了。

在世俗的意见下，我们没了主心骨，不知不觉中我们去迎合别人的看法。一件事情的发生，我们优先考虑的是"别人会怎么想"。有的时候一件小事，因为受到了别人异样的眼光和怀疑，我们寝食难安。从某种程度上说，我们这样做只是在取悦别人。

金庸笔下的杨过和小龙女的爱情故事感人至深。杨过本是小龙女收下的徒弟，不知不觉中师徒相恋。但是在那个时代背景下，师徒相恋是不伦之恋，他们的相恋不仅为武林人士所不齿，就连对杨过疼爱有加的郭靖也断然反对。

出于好意，为了让杨过和小龙女二人能在江湖立足，郭靖和黄蓉想尽一切办法阻止两人相爱。但是龙、杨二人不顾世俗的眼光，彼此相爱毫不动摇，最终"神雕侠侣"的故事成为了武林中的一段佳话，流传开来。

一个人从生命的开始，到生命的终止，都会处于争议之中，俗话说"金无足赤，人无完人"，纵使是被称为"古今一完人"的曾国藩，死后百余年来也一直处于争议中，何况我们普通人。

有的时候我们的确需要接受别人的意见，但更多时候我们需要勇敢地去做自己。我们要明白，即使得不到别人的肯定，仍然要勇敢地坚持下去。自己由衷喜欢的就不要因为别人的意见而放弃，多聆听自己内心的声音，活在一个相对独立的世界里。

《倚天屠龙记》里一句非常有哲理的话："他强由他强，清风拂山冈；他横由他横，明月照大江。他自狠来他自恶，我自一口真气足。"当我们真的做到了流言蜚语绕于耳，但不乱于心，我们便可以称得上是一个强大的人，独立的人。

逃出别人的眼光，回归自己的世界，就不会因别人的否定和指责受伤。

2. 不怕千万人阻挡，只怕你不够坚定

人生像一棵树，外界的风吹雨打，雷电交加都不会让我们倒下。唯一能让我们倒下的是自己放松了原本牢牢抓住土地的根，就像歌词里唱的："我不怕千万人阻挡，只怕自己投降。"

迈克尔·杰克逊被称为"流行之王"，他是继猫王之后西方流行乐坛最具影响力的音乐家。在音乐方面他可以说是全才，作词、作曲、场景设计、编曲、演唱、舞蹈、乐器演奏他样样卓越。但即使这样优秀的人，在有生之年也一直活在质疑中。在不断的质疑声中，对于自我的坚守他从不动摇，故而成就了伟大的传奇。

外界对迈克尔·杰克逊的质疑，与他自己的坚守伴随着他的一生。首先是对他独特的"MJ乐风"的怀疑。他坚持自己的风格，并用自己的实力与才华让这种独特的风格为世界流行乐坛所接受。

受外界质疑声最大的是他的慈善事业，因自己的童年不美好，他买下了一块庄园，取名 Neverland。在庄园中他建起一座游乐场，邀请全世界各地的孩子免费来玩耍，特别是那些与贫

穷和疾病相伴的不幸儿童。

在他的 Neverland 中，还有专门为身患癌症的儿童建起的无菌病房，不少去不起医院的癌症儿童在这里度过了生命中最后的时光。

但外界社会、媒体都怀疑他有不良的癖好。迈克尔·杰克逊不予理睬，一如既往地坚持着自己的慈善事业，在这一项事业上他投入了巨大的精力和财力。

他一个人支持了这个世界上 39 个不同的慈善救助基金会，并保持着 2006 年的吉尼斯个人慈善纪录，是全世界以个人名义捐助慈善事业最多的人。

鲁豫说："有人质疑，我也习惯了，我不要求那么多，就不会被质疑伤害。有人尖刻地嘲讽你，你马上尖酸地回敬他；有人毫无理由地看不起你，你马上轻蔑地鄙视他；有人对你冷漠，你马上对他冷淡疏远……看，你讨厌的那些人，却轻易就把你变成你自己最讨厌的那种样子。这才是对你最大的伤害。"

真正能够对我们造成伤害的只有我们自身，与其说别人迫使我们放弃坚持，让我们陷入痛苦，不如说自己不够坚定，修养不够深厚。

面对质疑，我们或许会伤心，或许会难过，但千万不能动摇。就像张小娴说的："与其别人因为看扁你而生气，倒不如努力争口气。争气永远比生气漂亮和聪明。"

对于质疑者最好的反击，靠的不是恶语相向，也不是上天怜悯，更不是意气用事，而是以坚定的信念，憋足一口气，把铁一般的事实摆在质疑者眼前，此时七嘴八舌会变得鸦雀无声，他们被你征服了。

　　李先生年轻时是个比较张扬的人，那时候很多人都开煤矿赚了钱，李先生也投身到了这个行列中。很快，李先生也赚到了人生的第一桶金，在农村的一场喜宴上，喝多了酒的李先生向村里的年轻人讲起了他办煤矿的经历。

　　李先生讲得口水横飞，不时引发一阵爆笑。同在喜宴上的一些人看不下去了，这些人办煤矿比李先生早，资金和经验方面都比李先生要强很多，其中一人喝高了，拍桌站起来，指着李先生说："你才干了几天？兜里揣了几个？你嘚瑟啥？"

　　李先生冷静了，面对老一辈的质疑，李先生冷静地说："我还年轻。"

　　后来煤炭行业大整改，老一辈人还苦苦守着那点事业，只在煤炭上琢磨。李先生果断抛弃了煤炭，转做餐饮、娱乐行业，后来又投资房地产，现在李先生每次开着豪车回到村里的时候，村民都流露出羡慕的神情，这里也包括了当年酒桌上叫板李先生的那位。

　　电影《一代宗师》中，宫羽田隐退江湖前送给叶问一句话："凭一口气，点一盏灯。"

　　当时北方著名拳师宫羽田在南方办隐退仪式，需要南方拳师出来搭手。广东武林推举叶问出头，但有人不服："人家宫家六十四手，千变万化，你们咏春就三板斧——摊、膀、伏，你怎么跟人家打。"后来叶问用拳头证明了咏春的强大。

　　包括后来流亡香港，叶问想开馆授徒，也曾受到香港武林的质疑，叶问靠的就是"凭一口气，点一盏灯"，用拳头来说话。

　　人的一生，面对质疑是常有的事情，在一片质疑声中有的人放弃了，有的人失败了，他们都会把失败的原因归结于"外界的阻力太大"，老话说"凡事就怕坚持"，导致你失败的真正原因是你放弃了坚持。

只要意志足够坚定，争一口气，任凭外界怎样质疑，努力把事情做好、做漂亮，用事实来封住悠悠众口。

3. 人生没有否定比没有肯定更可怕

有人说："奖励最大的意义，并不在于奖励本身，而在于其中所透露出的对某种价值理念的肯定。"肯定总能产生出神奇的力量，一句赞美的语言，一个信任的眼神，有的时候就能造就一个奇迹。

女孩每天早上都会去一家早餐店买一根油条。她钟爱的并非油条，而是炸油条的人。

早餐店里炸油条的是一位比女孩大六七岁的年轻姑娘，年轻姑娘每天都会带着洁白的帽子，脑袋后面扎两条大辫子，用灵巧的双手翻动滚热的油锅里的油条。

在那个大众传媒还不够发达的年代，小女孩对于美的理解不是从电视演员、电影明星的形象上构建起来的，而是来源于身边的某位人物。

对于女孩而言，炸油条的年轻姑娘就是成熟女性美的象征。女孩曾幻想着，总有一天也要成为这样美的一个大姑娘。她模仿炸油条姑娘的样子，把自己的头发留长，扎成两个大辫子，垂在脑后。

后来女孩长大了，有了自己的丈夫和家庭，一日她和丈夫路过昔日经常光顾的早餐店，想再买一次油条，看一看昔日那位"油条姑娘"。

来到店面前，炸油条的人还是那个人，她带的帽子还是那顶白色的帽子，但人已经变样子了。身材臃肿，面色蜡黄，头发乱糟糟地罩在满是油污的白色帽子里。她翻动油条的双手也不再灵巧，女孩顿时没了食欲。

看女孩站在门口很久，"油条姑娘"粗声粗气地问有什么需要，女孩说她小时候经常在这里买油条。"油条姑娘"抬起头，极不友善地瞅了女孩一眼，说："小本生意啊，概不赊账！"

女孩没理会"油条姑娘"的话，她盯着油锅里的油条说："我记得那时候您特别美，我还总模仿您梳辫子。"说完女孩就走了。"油条姑娘"看着女孩远去，陷入了沉思。

一段时间之后，女孩又一次路过了早餐店。她不知不觉向炸油条的人望去，女孩惊讶了，正在炸油条的还是那个人。身材依旧臃肿，脸色依旧蜡黄，但头上的帽子白白净净，头发也梳得整整齐齐，翻动油条的手恢复了多年前的灵巧，一边翻动油条，一边微笑着热情地招待着来买早餐的顾客……

"赞美"是一种肯定，它不需要我们付出多大的代价，却可以让别人收获一份希望，获得一种巨大的力量。不要吝啬我们的赞美，慷慨地送出我们的肯定，正所谓"赠人玫瑰手有余香"，给别人肯定的人一直都活在阳光中。

对别人，我们不能吝啬赞美，对自己更是如此，很多时候外界的肯定远不如我们自我的肯定"疗效好"，也远不如自我肯定重要。学会肯定自己，就像歌词里写的"就算没有人为我鼓掌，至少还能够勇敢地自我欣赏"。

从本质上讲，肯定他人和肯定自我都是一种自信力的展现。在对别人的肯定中我们接纳并吸收了别人的优点，对自己的肯定中我们实现了对自我的激励。这样说来，这也是一个自我完善的过程，在对别人的肯定和对自己的肯定中我们正在成为更好的自己。

曾经，一位名为罗森塔尔的哈佛大学教授做了一个著名的实验。

教授来到一所中学，请求校长邀请三位教师到办公室。在办公室里，教授对三位教师说："你们是本校最优秀的三位老师，我们在全校的孩子中选出了最有潜力，智商最高的 100 名学生，分成三个班，由你们带领，希望你们能创造出好的成绩。"

三位教师临走时，教授还叮嘱千万要保守这个秘密，并且不得为了取得好成绩而给孩子们过多压力。

年之后这三个班级的成绩果然远远领先于其他班级，排在整个学区的前列。这时候罗森塔尔教授又在校长办公室和三位教师谈话，教授说："事实上，这一百名学生并非精心挑选出来的，他们和普通孩子一样，并没有更加突出的潜力和智商。"

三位教师很震惊，原来取得的成绩完全归功于自身的执教水平，但教授却说："很遗憾，您三位也并非本校最杰出的教师，取得这样的成绩很大程度上要归因于你们的自我肯定和孩子们的自我肯定。"

在风雨兼程的人生旅途中，别人的万里无云是我们眼里最美的风景，却不知，自身也处于一片烟雨微茫的美景中。正如卞之琳说的"你站在桥上看风景，看风景的人在楼上看你"，很多时候我们需要去认可自己。

无论别人多么优秀，在大千世界中，我们都是独一无二的。我们的经历、我们的思维别人无法复制，世界因为我们的存在多了一丝不同，在这个世界上，我们从来都不是局外人。

在美国，黑人的教科书上曾写着这样一句话："黑是世界上最美的颜色。"自我的肯定是成功的催化剂，"自助者天助之"，当全场寂静时，自己为自己鼓掌有的时候可以带动全场掌声雷鸣。

4. 谢谢你的离开，让我成为了更好的自己

想要对你说一声谢谢，谢谢你的出现。你的出现装饰了我的生命，也谢谢你的离开，你的离开让我成为了更好的自己。

刚上大学，小美就被男友甩了，理由很简单"我心目中的女朋友不是这个样子的"，潜台词是"遇到更好的了"。

那段时间小美的世界轰然倒塌，男友是她的精神支柱。

想起高三时熬夜做题眼皮子直打架，但想到要和男友去同一个城市上大学，小美便会提起精神继续下去；早上起不来，一想到男友在楼下，她马上穿好衣服冲下去。

高考后，两人如愿考到了同一个城市，谁想一个月之后便莫名其妙被甩。小美一蹶不振，每天不起床也不去上课，在舍友的开导下，小美重新找回了生活的动力。

她每天早睡早起，坚持晨读英语，又参加了很多社团活动，上课的时候也尽量往前坐，忙碌中的小美很快就走出了伤痛。当精彩的生活成为一种习惯后，小美每天都过得特别充实，四年就是在这样的热血中度过的。

大学四年，小美收获很多，除了应有的证书外，小美还获得了国家奖学金，以及一系列的个人、团体荣誉，还入了党。临近毕业她又参加了很多考试，也参加了很多面试。

有一家大型国企，要求严格，竞争激烈，小美的学校有点拿不出手，但最后小美被录用了。在人才荟萃的竞争中脱颖而出，是因为她面试中思维敏捷、逻辑清晰以及她背后数不尽的校园荣誉和丰富的实习经验，跟那些名校的应聘者比起来小美毫不逊色。

看着录用单位发来的短信，小美想起了高中时的自己，那时候的她傻傻的，用电脑下载电影都不会，上课发个言都会脸红，出门分不清东南西北……她突然想起前男友，一句歌词飘到嘴边，小美默默地唱了出来："感谢那是你，牵过我的手。"

谢谢你的离开，让我成为更好的自己。

那些年，我们年少天真，总以为牵了手就是一辈子，两个人在一起便是整个世界。就像五月天歌词里写的："七岁的那一年，抓住一只蝉，以为能抓住夏天；十七岁的那年，吻过他的脸，就以为和他能永远。"

直到他的突然离开，我们才知道夏天又怎么只是一只蝉，人生又怎会只是一个他。就像夏天还有虫鸣鸟叫，蜂蝶飞舞。人生处处是精彩，放开那只蝉才能看到整个夏天，放下那个人才能活出更精彩的自己。

人的一生，悲欢离合总要经历一些。有的人出现便是为了离开，离别总是伤感的。我们驻足挽留，想牢牢抓住，但握在手中的却从指缝中溜走。我们明白了，要走的终究会走，所有挽留都只是徒劳的。

当对方转身将要离开时，互道珍重，然后优雅地转身，走向自己的世界。在新的世界中活出更优秀的自己，不为别的，只为自己，下次再见还能平静地互问"你好"，这是离别最好的姿态。

我给林婧发了一条消息问她最近在忙什么，然后对话框就炸了。她发来一连串她穿着奇奇怪怪衣服的照片，她在地球上的某个国家旅行，看到她在照片里笑得那么开心，身边还有朋友，我就放心了。

一年前的她不是这个样子的，那时候她的世界就只有男朋友。为了他林婧几乎放弃了一切社交，也放弃了一切爱好，甚至换工作，就为了能先男友一步下班，让他不至于等得太着急，但那时的林婧并不开心。

后来她还是分手了，最先提出来的是男友，她也曾伤得不能自拔，但很快就走出来了。分手后她辞职了，精心准备面试，功夫不负有心人，她找到了自己喜欢的工作，平时的空闲时间就鼓捣相机，学点外语什么的。因为没什么可牵挂的，她工作格外努力，进步神速，年末还得了一笔小小的奖金。这不，她带着那个旧旧的相机和半吊子外语出国了，她说："这才是我想要的生活。"

离开并非都是可悲的，两个并不合适的人在一起，难免会牺牲自己委曲求全。在这样的生活中我们的一些天性被压制着，这时候离开反倒是一种成全。

因为离开，我们才得以在自己的世界里大展身手，放肆去疯狂，渐渐地我们发现自己原来这样优秀。心理学大师罗杰斯说，人生最重要的，是拥有制造快乐的能力。它来源于三个方面——放下过去、面对现实和享受当下，谢谢你的离开让我的当下变得如此精彩。

5. 别人的羞辱，是你迅速崛起的动力

有人说："人最大的动力，除了兴趣，就是羞辱。"羞辱是砥砺的，羞辱是痛苦的，但痛苦是力量之源，羞辱给了我们前进的动力。

1973 年，功夫巨星李小龙英年早逝，香港动作片一时出现了空白，很多人都在寻找"下一个李小龙"，曾与李小龙有过多次合作的大导演罗维发现了成龙。

那时候成龙虽然还只是个龙套演员，但是他很年轻，身手又十分矫健，胆子大，敢去挑战高难度、高危险的动作。罗维想把他捧红，就把成龙带到武侠泰斗古龙面前，让成龙求古龙为他写一部剧本。

那时候古龙武侠小说风靡香港，他的剧本在香港电影界也有很高的地位。当时香港电影圈流传着一个公式"古龙＋狄龙＋楚原＝票房"，当时古龙的地位可见一斑。

罗维知道古龙好酒，就让成龙陪着古龙一个劲地喝酒。见古龙喝得高兴了，成龙便提出了自己的要求，当时成龙极尽谦

卑，称古龙为"古大侠"，古龙却不买账，指着桌上的酒杯说："再喝三杯，我就给你指条明路。"

当时成龙已经喝得神志不清了，但古龙的话他一定要遵从的，三杯酒下肚，他听见古龙说："你呀，走这条路（指做电影明星）是死路一条。"还说，"我的剧本是写给狄龙、郑少秋拍的，不是写给你拍的。"

成龙受到了有生以来最大的一次侮辱，他跑到洗手间，连吐带哭，不能自已。

后来成龙更加奋发图强，他不走李小龙铮铮铁骨的路子，他另辟蹊径，把动作和搞笑结合到了一起，创造出今天我们熟知的喜剧武打风格。

成龙凭借着这个风格获得了极大的成功，并在 62 岁的时候成为全球首位获得奥斯卡终身成就奖的华人。

人在遭受到了羞辱后大概会有四种不同的反应：第一种是以同样甚至更加暴力的方式反击，这种方法大多表现为失去理智的过激行为，极容易走上违法犯罪的道路。第二种是自我压抑，直至在内心形成挥之不去的阴影，严重影响心理健康。这两种反应都会对自身或他人造成不同程度的伤害，并且对于羞辱本身也无法化解，只会让原本就很消极的情绪雪上加霜。第三种表现是用幽默的方式巧妙化解，能做到这种程度的人大都拥有大智慧。对于我们大多数人而言，应对羞辱最好的方法是第四种——将羞辱化成前进的动力。

人生难免遭到羞辱，弱者将羞辱视为一种打击，终日郁郁寡欢、自暴自弃，强者化悲痛为力量，用努力来证明自己。

羞辱就像一条鞭子，也像一把尖刀，牢牢记住鞭子抽打在身上的痛楚和尖刀之下流出的鲜血，每当我们不思进取时，便让昔日的羞辱提醒我们要奋进。

人总有懈怠的时候，也有乐不思蜀的时候，追求梦想的人需要一种力量，提醒自己不能放松。别人的羞辱就是这样一种力量，它曾经深深地刺痛着我们，与其满腔怒火无处宣泄，不如将这份伤痛牢牢锁在心里，在我们懈怠的时候告诉自己要前进！

美国著名剧作家阿瑟·米勒有一次到曹禺家做客，闲聊中，阿瑟·米勒说："您这样的大作家，平日里一定是走到哪都被人拥护吧？"曹禺淡淡地笑了笑，转身走向书房。曹禺从书房出来后手里拿着一本装帧精美的小册子，里面裱着的是画家黄永玉写给他的一封信。

信中这样写：我不喜欢你解放后的戏，一个也不喜欢。你的心不在戏剧里，你失去了伟大的灵通宝玉，你为地位所误，命题不巩固、不缜密，演绎分析也不够透彻，过去数不尽的精妙休止符、节拍、冷热快慢的安排，那一箩筐的隽语都消失了……

这封信不仅是深刻的批评，更有羞辱的意味。阿瑟·米勒非常不理解，曹禺为什么会把别人羞辱他的信精心装裱呢？还拿给外人看。曹禺解释道，正是这封信让他从误区中走出来，在他松懈时鞭挞他。

这才有了后来的《胆剑篇》《王昭君》等一系列剧作经典。

现在的我们真的很卑微，对别人说起我们的梦想，换来的常常是捧腹大笑。摔倒了别人也不会伸手拉一把，反倒会顺势踩上一脚，骂一声"落水狗"。对别人带来的羞辱，我们无能为力，但我们可以改变，带着羞辱前行，将走得更坚决、更卖力，当然，也会走得更高、更远。

6. 职场被折腾，那是因为你有价值

职场上的磨砺向来都是回报最高的投资，经历过怎样的磨砺就会收获怎样的能力。老人常说："吃一堑，长一智。"用在职场上是最恰当不过的，每个初入职场的菜鸟都是一块精铁，虽然是精铁，但只有经历过锻打磨砺后，才能锻造成一把大杀四方的利剑。

从面试那天起，M小姐就一直处在各色各样的折磨中，面试官看着她的简历，头都不抬就问："你这是什么学校毕业的，这个大学我怎么没听过呢？私立的学校吧？"

M小姐脾气不好，按照平日的做法，她会毫不客气地予以回去。在那种唇枪舌剑的战争中，她是女王，但眼下为了求职，只能忍了。她很耐心地向面试官介绍了自己的大学和专业，并确信自己能胜任这份工作。

面试官因为她的自信录用了她，但光靠信心是难以胜任一份工作的。也许是考验吧，在后来的工作中，困难总与她形影不离。

因为财务人手不够，做财务的M小姐每天都面临着三个人的工作量，又是刚刚毕业，没有实际的工作经验，不懂的只能问老员工，但是老员工也忙得不可开交，有的时候遇到心情不好的前辈，还会被冷眼相对。

用她的话来说就是："那段时间每天下班回去都只剩半条命。"因为对工作还不够熟悉和工作量的庞大，M小姐每天都要加班，即便是这样仍然不能按时完成工作，她索性每天早上提前半小时上班。

之后的日子里，M小姐一直都是提前半小时上班，推迟至少一个半小时下班，虽然很累，好在工作越来越得心应手，学到的东西越来越多。对她而言，这是最重要的。

正当一切都进入一个稳定的状态时，同事间的明争暗斗也悄然而至。她的主要对手是公司旗下某药店的店长，最开始这位店长只是抱怨她工作效率太低，她自己也承认这一点，就没当回事，后来抱怨变成了赤裸裸的指责。

面对这样的攻击，M小姐想予以反击却无从下手，有时忍无可忍就和店长针锋相对，但职场菜鸟在老鸟面前向来都是溃败的。无论M小姐会不会反击，店长的指责变成了实际作对和向上级打小报告。

渐渐地M小姐明白了，与其逞口舌之快不如拿事实去回击。她更加卖力地工作，所以无论店长再怎么陷害，她的业绩摆在那里，公司都没有理由辞退她。

一日M小姐正在加班，此时已经下班近两小时了，整个公司里只剩她一个人，突然经理办公室的电话响起。从响铃的时间点和时长上判断，M小姐认为这个电话会很重要，所以她走进经理办公室接了电话。

原来是下午到公司的客户打来的，客户把一份很重要的材料落在经理的办公室了。正好这份材料明天急用，而客户已经登机，准备起飞了，M小姐挣扎了一下，便答应连夜乘高铁到客户的城市去送这份材料。

第二天，她拖着疲惫的身躯走进办公室，已经作好心理准备被领导批评迟到一个多钟头，谁想迎接她的是一位更高级别的领导的表扬。

原来那位客户是公司最大的客户，这次合作的项目很大，但迟迟没有签下，她的这个举动不仅促进了协议的达成，还扩大了合同的范围，这对公司来说是个意外的惊喜。

这件事情之后，她引起了领导的注意，平日里勤勤恳恳的工作态度，得到了领导的肯定。两年之后，原先她做财务的三个小部门已经逐渐成熟，需要一个直接负责人，领导第一个想起来的便是 M 小姐。

我们从进入职场的那一刻便开始了一场苦修，这场苦修旷日持久。在这场苦修里我们的肉体和精神都在不间断地忍受着折磨，我们总是处于筋疲力尽的边缘，即使是这样，我们仍然面对着更多、更严峻的挑战。

所有这一切都是有回报的，职场向来都是功利的。但职场上所付出的和得到的回报，却不应该用过于功利的眼光来衡量，有时候无形中的收获，要远比实际的利益更为珍贵，我们受过的折磨都会以能力的形式储藏在我们体内。

庄子说："水之积也不厚，则其负大舟也无力。风之积也不厚，则其负大翼也无力。"职场上唯有厚积才能薄发，承受得住折磨，才配拥有华丽的转身。当我们身处折磨时，默默告诉自己："眼前所承受的不是平白无故降临的，这是因为我有能力承受这一切，眼前承受的必将成为日后垫脚的。"

7. 跪求怜悯，不如让自己强大起来

在这个世上，有一个人他会常伴你左右。在你最需要帮助时及时出现，他也许算不上最强大的后援、最坚强的后盾，但他却是最靠谱的。这个人就是你自己，只有自己真正了解自己，只有自己知道最想要的是什么。与其用乞求去换来失望，不如提前充实自己，让自己做自己最强大的靠山。

北宋的时候，辽国是北方最强大的国家。宋太祖赵匡胤把主要精力都用在内政方面，对于北方的强敌，采取防守的政策。宋太祖死后，他的弟弟宋太宗继位，宋太宗一心想北伐收复北方疆土，却连连失败。

北宋从此便放弃了北伐，国内在一片太平中日渐腐化。后来北方的女真族崛起并建立了大金政权，直接威胁到了北方的辽国，北宋想通过联合金国攻击辽国来收复北方的疆土。

两国联合，前后夹击灭了辽国，但辽国灭亡后，北宋的北部没了屏障，金人长驱直入，也灭了北宋。

到了南宋，金国成为北方的霸主，严重威胁着南宋的安危。这时北方的蒙古部落里出了个铁木真，他统一了蒙古部落，蒙古很快兴起。

南宋当权者又决定联合蒙古铁骑攻击金国，从而收复了北方的疆土，同样的历史再次上演，金国在蒙古和南宋的联合攻击下灭亡了，蒙古铁骑顺势南下灭了南宋，建立了元朝。

老话常说"一个篱笆三个桩，一个好汉三个帮""在家靠

父母，出门靠朋友"，无意间，依靠别人成了人生中重要的一环，遇事我们首先想到的是如何通过别人的帮助来解决，而不是如何独立地去完成。

后来随着年龄的增长，经历的事情越来越多，才明白了很多事情依靠别人换来的只有失望。世上有太多的转瞬即逝，没有什么是永恒不变的，即便是亲如父母，时间也会将这道最后的屏障带走。

在这个世上唯一能自始至终与我们相伴的只有自己，这是一个人最为牢靠的屏障，让自己强大起来，强大到可以应对生命中的一切，就像毛主席说过的"自己动手，丰衣足食"。

正是凭着这种不靠别人靠自己的精神，我们的军队以"小米加步枪"战胜了配有美式军备的国军，最终建立了新中国。反观妄图依靠外部力量实现光复的宋朝，最后只有走向灭亡。

小蜗牛问妈妈："为什么我们要终日背着厚重的壳呢？"妈妈回答道："因为我们的身体里面没有骨骼支撑，无法跑和跳，只能慢慢爬，遇到危险了就可以躲到壳里。"

小蜗牛还是不解，问妈妈："毛毛虫也同样没有骨骼呀，为什么它们不用背壳呢？"妈妈回答道："毛毛虫会变成蝴蝶的，蝴蝶飞到了天空，天空会保护它的。"

小蜗牛又想起了他的好朋友蚯蚓，它问妈妈："蚯蚓跟我们一样没有骨骼也不会变蝴蝶，但蚯蚓却没有厚重的壳，这是怎么回事呢？"妈妈回答道："蚯蚓会钻土，有危险来了它就钻到土里，大地会保护它的。"

小蜗牛很伤心，它觉得自己很可怜，没有天空和大地的保护，只能每天背着厚重的壳，慢慢地爬行。

突然下雨了，小蜗牛迅速钻进了壳里，它看到飞在天空的蝴蝶不得不落在树叶上，钻进土里的蚯蚓不得不回到地面上，不知从哪蹦出一只青蛙，舌头一吐把蝴蝶吞下了肚皮，紧接着又把蚯蚓吃了。

蜗牛妈妈对小蜗牛说："你要记住，天有不测风云，人有旦夕祸福，靠谁都不如靠自己……"

每个人多多少少都有弱点，都会遇到力所难及的事情，这时我们会想到通过别人的帮助来弥补这些弱点。邀请别人协助来解决眼前的事情，省时省力干净利索，事情过后一切圆满，邀请别人也就成了人生中一项重要的技能。

这样一来，弱点终究是弱点，棘手的事情下次到来时，仍然会让我们焦头烂额。一旦别人的帮助没有及时到达，我们过去建立的一切都会瞬间崩塌，发现自己原来这样不堪一击，这都是因为自己本身不够强大。

推掉别人的帮助，充分暴露出自己的弱点。让自己在困难中磨砺、雕琢，成就更强大的自己，建立最牢固的后盾。直到有一天，眼前的事情，凭自己去沉着应对，会发现过去乞求别人的样子是多么可笑。

8. 总有一天，你会对生活的刁难说声谢谢

狭隘地把生活中的艰难当成是一种刁难，便注定了输的结局。放宽视野，把它当成一种雕琢，对过往艰苦的生活由衷地道声感谢，感谢它让你从一块石头变成了一尊精美绝伦的雕塑。

美国女孩丽斯出生在纽约的贫民窟，从记事起她的家庭就已经千疮百孔，母亲沾上了毒品，又患了严重的精神分裂症；父亲严重酗酒，后被关进了收容所，一个小女孩孤苦伶仃，外公也拒绝收容她。

丽斯15岁时，母亲因艾滋病去世。下葬的那一天只有简单的棺木，没有任何的哀悼仪式，她伏在棺木上与母亲做最后的道别。这时父亲尚在收容所，无处容身，她只能沿街乞讨，这时她意识到唯有读书才能改变命运。

丽斯凭着真诚感动了高中的校长，获得了进入高中读书的机会，从收容所出来的父亲作了她的担保人。在15岁到17岁这两年中，她以一种非凡的毅力投入到学习中，以两年的时间完成了别人四年才能完成的学业。

因为成绩异常优异，丽斯获得了免费到波士顿参观哈佛大学的机会。正值深秋，金黄的树叶开满枝头，她被哈佛的秋景所吸引，并暗暗立志要成为哈佛的学生。

1996年，她以亲身的经历和真诚的态度，以及优秀的论文感动了评委，获得了《纽约时报》的全额奖学金，而面试的时候，甚至连一件像样的衣服都没有，这一切都不能阻止她对求学的渴望。

后来，同样是一个满地落叶的深秋，同样是迷人的哈佛校园，丽斯已经成为了这里的一员。

世间的欢乐更像是命运的恩赐，伤痛才是生活的常态，如果非要把生命比作什么的话，我认为一定要比作一个雕琢的过程。人就像一块大理石，生活中的种种磨难就是雕琢，雕琢过程中的每一刀都是痛苦的，但每一刀都是一种蜕变。

蜕变是缓慢的，但痛苦却是持久深刻的。人往往在意的只有痛苦，而忽略了蜕变，我们深深地厌恶这个过程，并试图躲避它。那没有疼痛的安逸让人心驰神往，在那样的生活里逐渐意志消沉，甚至忘记了人生需要的是蜕变。

当我们历经雕琢，最终成为一尊精美绝伦的艺术品，安放在精心布置的展厅中，享受世人欣赏的眼光时，应该感谢蜕变的过程，感谢一刀刀刻在身上的疼痛，感谢命运的雕琢。

每个人都在经历着不同，生活中总少不了种种的刁难，以达观的态度面对它，把刁难看成雕琢，人生就是一种蜕变的过程。

小志前段时间刚刚成功应聘国内某知名媒体的记者，身边人都在惊讶普通高校出身的小志竟然能干掉那些名校毕业、履历精彩的对手时，小志却在感慨过去的一年时光。

一年前小志刚刚大学毕业，只身北漂，辗转换了四五份工作，期间不是主动辞职，就是能力不够被炒，北京的消费让他还没工作就背负了一身债务。

为了生活，也为了还债，小志迫不得已进了一家小公司做记者。因为人手总是不够，小志除了身兼数职，加班更是常态，好在记者也是小志比较中意的一个职业。

那段时间，小志名义上是记者，其实还承担着摄影、摄像、后期剪辑、包装一系列的工作，有的时候领导安排的文章也需要小志去完成。这样的日子里小志没有抱怨，也没有敷衍，他始终都一丝不苟地在工作。

公司庞大的工作量和微薄的薪酬，让不少员工进进出出，真正留下来的人没几个。领导看小志踏实又努力，在小志工作满一年后提出加薪，想留下小志，但此时决心跳槽的小志已经把简历投了出去，并收到几家大型媒体的面试邀请。

面试这家知名媒体时小志信心满满，在他看来这份工作是志在必得的，无论是笔试还是面试，小志都以出众的业务能力让人眼前一亮，他很顺利地获得了这份职业。

其实，刁难是生活赋予我们的最大的财富，随着年龄的增长，才渐渐真正懂得儿时背诵过的一句诗："不经一番寒彻骨，怎得梅花扑鼻香。"感谢生活中所有出现过的刁难，它最终带给了我难以想象的惊喜。

9. 不管现在的我怎么样，未来的我要更好

王尔德说："每个圣人都有不可告人的过去，每个罪人都有洁白无瑕的未来。"不管过去的我们是怎样的，也不管现在的我们在经历什么，总之在未来我们都会变得更好。

和两个许久不见的闺蜜在一起吃饭，两人打趣她变了，变得不如以前闪闪发光了。她知道，潜台词是变丑了。这已经不是她第一次听到这样的话，生过孩子以后她做了全职太太，从此成了一个不修边幅的女人。

以前的她总是神采奕奕，身上仿佛带着磁场，走到哪都能吸引一大片回头的目光。那时候每天睡觉前就准备好第二天要换的衣服，每天上班前总是把自己打扮得美美的，那时候身边的人总说她像个小仙女。

现在，关系铁的朋友调侃她是黄脸婆、欧巴桑、广场舞领

舞；那些关系一般的都暗示她变得不如以前美了，就连爱她的丈夫也用没有光彩的眼神无言地告诉她："你变得没有吸引力了。"

她也承认，做了全职太太，渐渐放弃了对美的追求。在不知不觉中把效率和实用放在第一位，美在如今的她的眼里不过是一种美好的回忆。

做了全职太太出门见人的机会就少了，用不着每天睡觉前再精心设计明天的妆容，也不用定时更新自己的化妆品，添加衣柜里的衣物，时尚杂志更是很早以前就不再看了。偶尔闲下来，她会窝在沙发上，肆无忌惮地吃零食看电视，以前坚持了三年的长跑早已中断。

镜子里的她皮肤松弛、油腻暗黄、目光呆滞，腹部的赘肉很不和谐地挤在衣服外面。看着这样的自己，脑子里想起了身边好友的评价，她才知道自己走上了一条错误的道路。

平淡和艰辛是生活最常有的基调，在这样的基调中，我们很容易放弃对美好的追求。在"平平淡淡才是真"的思想下我们变得不思进取，不再好好地经营自己，蹉跎了今日，明天就必然走向落魄。

无论生活怎样艰辛，都要坚持努力，哪怕每天只前进一小步，让自己保持一个持续努力的状态。终有一天自己多年的努力会变成蜕变时的能量，还你一个美好的明天。

小雅更新了一条动态，定位是美国的华尔街，一张华尔街的图片，配的文字是："说过的话，就要努力去实现。"我知道，这是对我们说的。那时候我们曾一起许下诺言，五年后要一起去华尔街，现在小雅做到了，我却还在上海。

刚毕业我们几个人一起去了上海，住进了出租房里。每天吃着最便宜的外卖，拿着少的可怜的薪水。第一次发工资后，我们在路边一家小餐馆庆祝人生的第一桶金，几个女孩有生以来第一次喝了啤酒。可能是酒精的原因，平日不说话的小雅站起来大声说："我要考港中大，我要去华尔街。"

小雅说出了她的梦想，也说出了当时在座每一位的梦想，我们为小雅的梦想干杯，也为我们的梦想干杯。

后来的生活异常艰难，工作换了一份又一份，工作的不稳定，导致没有固定的收入。为了生活，只能在周末去做兼职，为了省钱又住得里市区越来越远。每天早上六点出头就要起床，晚上八点半之前从来没回过家，偶尔加班就要无限推迟。

尽管那段时间生活、工作各方面的压力都很大，也很少有自己的时间，小雅总是没有放弃读书学习。为了能在地铁上好好地看会书，她必须找到座位。为此小雅提前半小时起床，早早地抱着书冲进地铁抢座位。

每天下班路上带着耳机听听英语，回到公寓用最短的时间吃饭洗漱，然后坐下来读读书。工作稳定后，她便在每个周末抽出一天来去图书馆泡着，就按平时上下班的时间来安排这一天的作息。

一边工作一边学习还一边存钱，她知道香港中文大学学费高昂，虽然家里可以勉强支持，但为了减轻家里的负担，她拼命工作，拼命存钱。

后来她辞掉了工作，离开了我们，走进了香港中文大学的校园。她站在天人合一亭前拍下的照片，证明了我们从此不再是一个世界的人。看到她在华尔街的动态，我甚至只能默默地点个赞。

　　我们总是很容易被生活打败，生活的艰难总是一点点地侵蚀着我们对未来的希望，生活的安逸消磨着我们奋斗的意志。我们的目光越来越窄，窄到眼睛里只有柴米油盐和鸡毛蒜皮，原来我们已经在不知不觉中输给了生活。

　　人的一生很长，变动很多，机会任何时候都有可能出现，危机也总在我们意想不到的地方潜伏。早早地就放弃了努力，就只能眼睁睁地看着大好的机会从眼前溜走，面对突如其来的危机时就会失去应对的能力。

　　对每个人而言，美好的未来总给我们平等的机会。未来的平等就在于它的可塑性，我们可以通过今天的努力来换取美好的明天。努力才能把握住这个机会，无论眼前多么不堪，多么落魄，努力一点总会有希望。

在残酷的世界里昂首挺胸

1. 人生来不是为了被打败的

海明威说:"人生来不是为了被打败的,一个人可以被毁灭掉,但却不可以被打败。"每个人从出生那一刻开始便开始了一场战斗,投入战斗从来都不是为了输,要赢就要坚定地赢下去。

老渔夫桑提亚哥已经连续八十四天出海都空手而归了,尽管如此,他的信心却从未受影响。第八十五天,他又以饱满的信心出海了,而且今天有一条比他的船还大的马林鱼上钩了。

这条大鱼凶猛异常,先是掀起巨浪把桑提亚哥掀翻在船里,又是胡乱冲撞,他的手被大鱼弄得血肉模糊,此时桑提亚哥只需剪断鱼线,便可以结束这场无休止的激烈战斗,但他没有这样做。

经过两天的拼命战斗,桑提亚哥终于把大鱼制服,绑在船边。因为大鱼狂流不止的血液引来鲨鱼群的袭击，桑提亚哥又与鲨鱼群展开了搏斗，后来刀断了，就拿短棒来应对。

半夜鲨鱼成群结队地涌来时，桑提亚哥无力再斗下去了，只能拖着疲惫的身体返港。回来后人们都盯着船边那副硕大无朋的鱼骨，桑提亚哥也盯着看，悄悄问自己是什么打败了他，最终给出的答案是："什么都不是，是我出海太远了。"桑提亚哥自始至终都不承认自己失败了，他认为年龄、大马林鱼、鲨鱼群都没有把他打败，他确实没有输。

这个故事来自海明威的小说《老人与海》，这部作品获得了 1954 年的诺贝尔文学奖，留给世人的精神财富就在于永不言败的精神。

生活中的挑战总是层出不穷的，没有谁可以风平浪静地一步登天，那些杰出的人都是经历过了无数次的失败才换来眼前的成就。所谓失败并没有严格的定义，人生是一场漫长的持久战，我们不承认的失败从来都不能称之为失败。

人生中最大的荣耀是在所有人都以为你败了，但你仍然能以高昂的斗志站起来告诉对手"我没败"。

多年前抗战电视剧《亮剑》风靡大江南北，其中一个片段让人至今难忘。1942 年日本华北方面最高司令官冈村宁次对晋中进行了大扫荡，为此驻晋第一军司令官筱冢义男奉命制定了针对性极强的 A 号作战计划，结果我们的八路军损失惨重。

李云龙独立团里担任骑兵连连长的孙德胜，率领骑兵连与日本骑兵连展开血战。双方对垒的那一刻胜负已分。在这种短兵相接的战斗中，敌军在人数和装备方面都有压倒性优势。

在敌方强大的阵容下，我军的战马一度表现出了慌乱，孙德胜稳定军心，大吼一声："骑兵连，进攻！"由他带头，独立团骑兵连冲向了敌军。第一轮交锋，我军损失惨重，孙德胜也有一丝发抖，但他仍然摘掉帽子，擦干刀刃上的血大喊一声："骑兵连，进攻！"又冲向了敌军。

几轮冲锋下来整个骑兵连只剩孙德胜一人，他的一条胳膊也在上一次交锋中被齐肩斩断。面对敌军的兵强马壮，他还是大吼一声："骑兵连，进攻！"

又一次挥刀冲向了敌军，这一次他没有冲出来……孙德胜到死都在战斗，这种永远不承认失败的精神震撼了敌军，他们向这位伟大的战士表达了深深的敬意。

生活中的种种磨难都像是一场战斗，一旦放弃了战斗，生命便像没了斗志的军队，最终会被敌人杀得片甲不留。保持精神的屹立不倒，这场战斗便没有结束，重整旗鼓，以昂扬的斗志重新投入到这场战斗中去，终有一天能杀出一片自己的天地。

一个人强大与否，平日里是看不出来的，只有在他失败时，看他能否很快站起来，能用怎样的姿态站起来，这时方能看出一个人真正的强大。

强大的人无论经历了多大的失败与伤痛，都能以最快时间摆脱那些负面的情绪，重新站起来，带着失败的教训和高昂的斗志，以及更加坚定的信念，以饱满的热情重新投入到新的战斗中。

命运仿佛一根弹簧，它在暗中跟你较劲，你强一分它便弱下去一分，你若弱下去一分，它便会弹起来一分。常怀一股子不服输、不怕失败的韧劲，任何时候都保持战斗状态，任何时候都不认输。

　　时间久了，这根弹簧的伸缩便任由你来摆布，并非弹簧弱了，也并非命运败了，只是在历次战斗中我们变强了。

2. 你没有成功，是因为你失败的次数还不够多

　　触控科技创始人陈昊芝说过这样一句话："有的人，十几年干了很多事儿，受挫不断，但不必急，最后碰上一件事，就能把之前的教训都用上，后来居上，大器晚成。"那些还在不断承受失败的人，不是因为你不够优秀，也不是因为你不够努力，只是因为你失败的次数还不够。

　　1999 年起开始创业，陈昊芝或是参与、或是投资、或是创办的公司达十几家，这些公司失败的失败，放弃的放弃，无一成功。

　　直到 2012 年 5 月 3 日，《财富》（中文版）公布"2012 年中国 40 位 40 岁以下的商界精英"榜单，35 岁的陈昊芝榜上有名，排名第 19，他终于成功了！

　　奋斗的青春从来都不会被浪费，所有的失败都是珍贵的财富，没有经历过多次的失败怎么会有一朝功成。正如奇虎 360 公司董事长周鸿祎所说："失败了 9 次，然后成功 1 次，能不要那 9 次失败而直接成功吗？除非是马后炮。"

　　那些成功者在某些方面总有十分相似的表达，网上流传着一个著名的"廖容典百分比定律"。该定律说："如果你先后见了 10 个顾客，却只在最后一个顾客手中获得了价值 200 元的订单，那么，之前的 9 个顾客你应该如何来看待呢？"

廖容典（美国一家国际投资顾问公司总裁）解释说："你之所以赚了200元是因为你见了10个顾客，并非你见了第10个顾客，这200元里每个顾客都让你赚了20元，因此，前9次的拒绝都应该微笑着去面对，因为你每被拒绝一次，都会有20元的收入。"

从来都不会有平白无故的成功，每一个伟大的成功背后都堆砌着无数次的失败，没有足够的失败来堆砌，即便是成功也不会很牢靠。在永无止境的失败中静下心，不气馁，接受堆积失败的过程，这一切都是为了稳稳地抓住成功。

曾经有一位年轻人，他大学毕业后出去找工作，先后被30多家公司以不同的理由拒绝，找工作上的失利让他放弃了这条道路，决定去报考警察。在当时，一位大学毕业生想考到警务部门有很多优势，所以他很容易就进了面试，但是面试中的五个人里他也是唯一被淘汰的。

这时他深刻地反思自己，是否过于心急，于是他决定从基层做起来磨炼自己。他去面试杭州的一家五星级酒店的服务员，还是被刷下来了。后来他又去面试杭州市的肯德基，来面试的有23人，结果公布出来后，名单上仍然没有他的名字。

再后来这位年轻人获得了极大的成功，网上爆出了他创业过程中用过的五张名片，这五张名片见证了他的成长，前四张名片都很简单，普通纸质印刷版的名片，上面的信息也很简单。第五张名片让人眼前一亮，名片采用极具质感的透明塑料板制成，罗列着：软银集团董事、雅虎中国董事局主席、阿里巴巴集团主席和首席执行官，这个人就是马云，那个曾经失败过无数次的年轻人。

　　某种程度上，我们一直都在追求成功，但接踵而来的失败不断地否定我们，似乎我们走在一条下坡路上，我们灰心丧气，觉得自己一无是处。但我们错了，失败的路不是一条下坡路，恰恰相反，这是一条上坡路。灰心丧气显然不是走上坡路应该有的姿态，我们当振作精神，将每一次的失败稳稳当当地踩在脚下，一步一步向着高处迈进，总有一天会走到成功的巅峰。

　　公司里来了一个推销员，他是一个新入行的小伙子，入职一个月以来业绩不堪入目，于是私下里他找到一个老员工想讨教一些诀窍和法门，老员工说多出去跑跑，失败得多了就好了。

　　小伙子以为找错了人，他认为这位老员工藏私，不肯把诀窍告诉他，后来他又问了很多经验丰富的老员工，他们给出的答案惊人地相似：想要做好业绩，没有什么诀窍，多跑跑就行了。

　　小伙子将信将疑，按着老员工的说法，第二个月他更加勤奋，月末他的业绩有了明显的提升，现在他终于明白了老员工的话。

　　多出去跑跑，多失败几次其实是一个不断试错和积累经验的过程，失败的多了，便会主动去琢磨失败的原因，找到了原因后就会去实践中印证，这样一来二往，反反复复，就琢磨出了门道。

　　失败的次数越多，尝试的越多，离成功就越近，有的时候之所以得不到成功的秘诀，就是因为在失败的次数上还有欠缺，我们说的量变引发质变就是这样的道理。

　　沉下心做好失败的积累，当成功来临时我们便底气十足，就像周星驰说的："别人都认为你不行，你偏偏去研究，完全陷在里面。感觉很孤独，但也很浪漫……就那么努力地研究了6年表演。这样，一有机会来，我就不怕了。因为准备了这么长时间，我已经打好了底。"

3. 不管现状如何，都不要失去对未来的希望

"生活不止眼前的苟且，还有诗和远方的田野。"高晓松的这句歌词给无数人以希望，不管我们的现状是怎样不堪与卑微，都不能放弃对未来的希望。

做一名电影演员是周星驰青年时的梦想，经历了两次后他终于考上了香港无线电视艺员夜间训练班。

毕业班出来后，周星驰成为了一名跑龙套的小演员，没有台词，没有正脸，在电影中出现最多不会超过三秒。后来周星驰还做了五年少儿节目的主持人，别人说他跟电影演员一点都不沾边。

尽管那时候卑微得如同一只蚂蚁，但周星驰从没放弃成为主角的梦，他每天起床很早，洗脸刷牙的时候总会对着镜子说："加油！"他坚持看电影、读书、研究演技和表演的流派，还会经常与人讨论。

周星驰曾在《射雕英雄传》里演过一个跑龙套的小角色，出场就被梅超风打死了，他觉得一掌就把人打死并不真实，为此他设计了一系列小动作跑去和导演商量，结果提议被否决，但他从没有停止尝试。

1988 年，已经 26 岁的周星驰终于获得了正式出演电影的机会，在电影《霹雳先锋》中他饰演一名浪迹江湖的小弟，也正是凭着这次出演，一举摘得台湾金马奖最佳男配角。

随后周星驰迅速走红，出演了《赌圣》《逃学威龙》《唐伯虎点秋香》等一系列经典影片，他的无厘头风格逐渐成型，在香港电影界也渐渐有了一席之地。

年轻的我们正在经历人生中最卑微的日子，蜗居在阴暗潮湿的集体公寓里，吃饭优先考虑的不是口味和营养而是价格，还要承受巨大的工作压力，这样的日子里我们放眼望去一片荒芜，未来的曙光一丝都没有渗进来，以至于我们总是怀疑未来真的存在吗？

罗伯特·史蒂文森说过："不论担子有多重，每个人都能支撑到夜晚的到来；不论工作多么辛苦，每个人都能做完一天的工作，每个人都能很甜美、很有耐心、很可爱、很纯洁地活到太阳下山，这就是生命的真谛。"

到未来的距离究竟有多远？决定这一距离的不是我们现在的处境，而是在任何时刻都有一颗满怀希望的心，心怀希望，努力向前，我们便走在通往未来的路上，路是越走越短的，总有一天会走到头，但如果放弃了，即便未来就在眼前也永远不可能走到。

刚到电视台的孟非只是一名临时工，职位是接待员，每天的工作就是接接电话，端茶倒水，打扫卫生。但当时孟非想做的是记者，在工作一年后他决定朝着梦想去努力。遇到老记者外出采访需要扛摄像机的，孟非争着去当苦力。

孟非觉得这一切都是值得的，做这些事的时候不仅可以了解节目的制作流程，学习一些采访的技巧，时间久了，他在老记者的心里就留下了好印象，平时遇到什么不明白的，老记者都会毫无保留地告诉他。

后来，偶尔遇到一些小新闻，老记者便让他去采访，对于这样的机会孟非极其珍惜，所以每一次他都很高兴地去采访这些小新闻。

时间一久，孟非的名字在节目中出现的次数越来越多，引起了台里领导的注意，领导看他努力便给了他临时记者的职务。

从此他更加努力，节目也越做越大，从临时记者变成了正式记者，又从正式记者变成了节目主持人，直到成为红遍大江南北的光头"孟爷爷"。

回顾悠久的历史，曾有无数的伟大事迹都是从卑微中诞生的。《后汉书》中有这样一句励志名言："有志者事竟成，破釜沉舟，百二秦关终属楚；苦心人天不负，卧薪尝胆，三千越甲可吞吴。"

还在逃亡中的项羽看到秦始皇出游时的仪仗队便说"彼可取而代也"，后来的历史也印证了"楚虽三户，亡秦必楚"。沦为阶下囚的勾践不忘复国雪耻，最终得偿所愿。

电影《天气预报员》中有这样一句台词："成人的世界里没有容易二字。"生活在这个世上的每个人都经历着不同的苦难，但在这个地球的每个角落，每天都有奇迹发生，眼前的窘境从来不是放弃梦想的理由，无论什么时候都要心怀希望，有希望就有未来。

4. 不因顾虑太多而失去前行的勇气

学校的毕业典礼完了之后，同学们就忙着离校了，这次的分别对于有的人来说意味着这辈子可能再难相见了，他本计划向她偷偷告白，但想到毕业后各奔东西，表了白又能怎样，他便放弃了。

毕业之后不知何去何从，听说好多同学都去了深圳，他便孤身一人南下了，到了深圳才知道她也刚来，他们一起找房子，一起找工作，后来虽然不在一起工作，但住得很近。

那段时间工作很辛苦，生活也很拮据，但他过得很开心，他越来越了解她，柔弱的外表下她是一个爱笑的浑身散发着阳光的姑娘。

他彻底喜欢上她是在一个周末，他们相约一起吃晚饭。在地铁站里他看到了穿着一双白色帆布鞋、七分牛仔裤、白色 T恤浑身透着青春气息的她，那一刻他觉得她好美。四目相接，他发誓以后一定要一个合理的身份把她拥入怀中。

有了这样的想法后，俩人见面时他变得拘谨了，后来有很多表白的机会都被他放弃了，他的理由是："爱情是需要面包的，现在的我面粉都没有。"

那时候他很穷，女孩给他发来一起看电影的短信，他装作没看到，很久之后才回复"我要加班"；冬至的时候她约他一起吃饺子，他却说"不喜欢"。

后来因为工作的关系，他搬走了，俩人投入了各自忙碌的工作中，他因为找不到合适的理由，联系她的次数越来越少，她因为他的冷漠也不再主动联系他。

大概过了一年，女孩发了一条九图的动态，每一张都是她和一个男生的合影，她在图片里依然散发着阳光。他反复划着手机，默默问自己："如果抛开那些顾虑，图片里的男生会不会是我？"

生命中总是有各种各样的错过让我们摇首叹息，追悔莫及，摆在眼前真挚的爱情被我们错过，千载难逢的升迁机会被我们错过……错过，很大程度上是因为顾虑太多，顾虑太多让我们寸步难行。

人来到这个世上，便像一颗石子投进了湖水中，在石子入水的那一刻便向着四周泛起一圈圈的涟漪，但投入湖水的并非只有我们一颗石子，千万道涟漪彼此交互着，就像我们做的每件事，都在和别人产生联系。

为此我们总觉得生活在一个牢笼中，处处掣肘，我们变得顾虑越来越多，想得也越来越多，烦恼也随之越来越多，前进的道路中我们举步维艰，但其实这一切的枷锁都是我们自己为自己设下的。

解铃还须系铃人，打开这套枷锁的也只能是我们自己，给自己的心灵松绑，让自己从此活得轻轻松松，潇潇洒洒，心中少了些压迫，便能把更多的精力集中到前进的脚步上。

台湾作家舒国治活得随性自然，他的生活方式被无数人羡慕、憧憬。但说起其中的奥秘时他却说："其实过我这样的生活，用不了多少力量就可以达到，只是你顾虑得太多，我顾虑得很少。"

他没有固定工作和固定收入，也没有房子，租来的房子家徒四壁，连电视机都没有，但正因为如此他活得让所有工作稳定，收入稳定，有房有车的人都羡慕。

我们常说"有钱任性"，仿佛钱是任性的前提和保障，这样一来，我们便被钱限制了，因为没钱所以我们放弃了旅游，因为没钱我们放弃了恋爱，因为没钱我们放弃了更美好的未来。

我们常说："如果能马上还清房贷车贷，生活该多自由。"事实上一直以来都在限制着我们的不是贷款，是顾虑，这种情况下即便房贷车贷都还清，我们还会给自己找出其他烦恼，来阻止我们去享受生活，阻止我们去前进。

正如舒国治说："我们缺的不是钱，是生活。"

我们一直牵挂在心间的大都是已成的事实，既然它已经存在，便很难再去改变，反反复复地去思索只会徒增烦恼，让我们在前进的道路上不能尽情狂奔，既然这样为什么还要时刻去挂念它们呢？放下这些顾虑，轻装上阵反而能走得更远，走得更快。

年幼时帮着母亲下田插秧，因为怕泥土脏了鞋子和衣服，我小心翼翼地走在田垄上，时不时地双腿打颤，心跳加速，这时母亲冲我喊道："把鞋子和衣服脱了，挽起裤子！"

我照着母亲说的做了，光着上身，裤子卷得高高的，一下跳进水田中，不顾泥点子飞溅，摇摇晃晃的很快便跑到了母亲跟前。

人生就像远途旅行，随身的行李越多走得越艰难，路途也就越短。远足的和尚从来不会带过多的东西，几卷经书，一口钵盂，但他能走遍天下，放下顾虑才能更好地前进。

5. 就算失败也要摆出豪迈的姿态

生命给予我们失败的同时也给了我们成功的希望，对于热爱生活的人它从不吝啬，尝遍了酸甜苦辣才算是完整的人生。即便是身处寒冬腊月也不能忘记对暖春三月的希望，就算失败了，也要依旧豪迈，正如郑板桥说的："千磨万击还坚韧，任尔东西南北风。"

有一个程序员，他工作兢兢业业，在一家软件公司一干就是八年，本以为生活会这样持续下去，谁料想这家软件公司突然倒闭了，他也因此而失业。

一个月后，他找到了一家相对满意的软件公司，决定去应聘试试。

当天参与应聘的人很多，跟他一样有着丰富工作经验的也不在少数，第一轮笔试凭着深厚的专业技能通过了。本以为面试的题目仍然会是专业知识，结果只是让应聘者谈一谈行业的未来。他回答得很糟糕，到家后没几天便收到了被淘汰的邮件。

程序员看着邮件，虽然还是有一些沮丧，但回想起这次激烈的竞争，他认为这对以后工作和生活都会有很大帮助，于是他满怀诚意地写了一封感谢信，寄到对方公司。

这封信最终放在了这个公司总裁的办公桌上，总裁看后特地收了起来。不久，公司出现了新的空缺，总裁想起了之前来信的程序员，决定把这个机会留给他，便让助理向程序员发出邀请。

仍在苦苦求职的程序员收到邀请函后非常意外，欣然接受了这次工作机会，后来因为业绩出色，升为公司的高层领导，这家公司就是软件巨头——微软。

"世上不如意事十之八九"，每个人的一生无时无刻不在经历着失败。早上上班没有挤上公交，工作中也时常遭遇或大或小的失利，恋爱的过程中免不了各种痛苦，但是生活并不会因为我们的这些失败而停止。

就像已经驶离站点的公交车，我们与其为错过上一趟而苦恼、愤恨，不如以饱满的精神迎接下一班的到来。

心理学上把每一次挫败都具体地分成了三个步骤，第一步是挫败情境，也就是我们提出的要求得不到满足或者受到了外界的干扰等情境因素。第二步是挫败反应，这指的是当发生挫败时我们自然而然地产生的一些消极情绪，比如焦虑、敏感、沮丧、攻击等。第三步是挫败认知，即是挫败产生后，每个人根据自己不同的内在素养和价值观产生的一系列后续反应。

在每一个完整的挫败过程中前两个步骤都是不可避免的，尤其是第二个，挫败必然会产生消极情绪，人人如此，不必过分在意。过分在意不仅毫无意义反而会将这些情绪进一步激化，最终我们的整个身体都会被这些消极情绪支配。

好在最重要的第三个步骤可以通过人为的努力去改变。在消极情绪产生时用一些积极的心态去打压他们，让消极的种子扼杀在摇篮中。

圣严法师说："面对它，接受它，处理它，放下它。"这句禅理极深的话可以帮我们在失败时仍然保持昂首向上的姿态。

失败已经来了，无论怎么回避它都如影随影地伴随着我们，勇敢地面对它才能看清它的真面目，就像病来了，勇敢去寻医问诊才能知道根治之法。

生病了必然会痛苦，失败了必然会消极，这是人之常情，坦然接受就好，最为关键的是"处理它"，深入剖析，找出病根，然后对症下药，痊愈后便多了一份抵抗力。

无论我们经历了怎样的失败，都要知道，消沉低迷有损无益，命运的齿轮一直在运转，即便是失败了，也不能低下自信的头颅。

司马迁本就是一个励志的人，但是他笔下那些从失败中走出来的人物更是激励了一代又一代人："西伯拘而演《周易》；仲尼厄而作《春秋》；屈原放逐，乃赋《离骚》；左丘失明，厥有《国语》；孙子膑脚，《兵法》修列；不韦迁蜀，世传《吕览》……"失败时保持豪迈的姿态才能在腐朽中造就传奇。

6. 想做什么，现在就去

很多时候，很多事情，我们总盼望着万事俱备再去做，等待中我们荒芜了多少青春，又蹉跎了多少岁月？岳飞说："莫等闲，白了少年头，空悲切。"想做什么现在就去做吧。

朋友的父亲过世了，料理完后事后他约我见面。周末的傍晚我们坐在路边的一个烧烤摊上听他聊他们父子俩的事情。

过世的父亲其实是他的养父，13 岁那年生父因病过世，两年后母亲带了一位"叔叔"回家，告诉他以后他们会一起生活，那时他刚刚进入青春期，对眼前突然出现的男人他心怀满满的敌意。

养父虽然话不多，但总是慈眉善目的，对他更是充满耐心和爱意，但少年人的心里总觉得向养父示好便是对生父的一种辜负，生活在一起好多年他连叔叔都很少叫，为了避免尴尬他甚至一直在尽量减少父子二人独处的时间。

后来上了高中，他选择了寄宿制的学校，上大学他选择了一所离家很远的大学，寒暑假他借口外出打工，其实这一切都是在躲避养父的示好，他在父子之间筑起了一道墙，并且他一直在维护这道墙不至崩塌。

大学毕业后他义无反顾地来到北京，有一天突然接到养父生命垂危的消息，他呆住了，请假赶回去但最终还是没能见到养父的最后一面。

听母亲说养父弥留之际还在说多想听他叫一声"爸爸"，当初这个家庭重新组建，母亲曾提过再要一个孩子，养父回绝了，养父怕孩子出生后分走对他的关爱，让本来就敏感的他心里难受。

听到这里，他的眼泪再也忍不住了，他跪在养父的灵柩前号啕大哭，一遍一遍地喊着"爸爸，爸爸"，其实他也知道养父对他的爱是没有一丝保留的，所有生父做到的养父都做到了。有时他也想主动向养父示好，慢慢地，一点一点地，他们会变成一对正常的父子。

他总在等一个契机，等一个和谐的氛围让他不带一丝尴尬地对养父喊出那一声"爸爸"，他总以为生命很长，但是跪在灵柩前再怎样喊，养父也听不见了……

央视曾经有过这样一则公益广告："等你考上大学，妈妈就享福了；等你毕业工作了，妈妈就享福了；等你结完婚，有了孩子，妈妈就享福了。"换个角度，我们不也是在想着"等我考上大学，就让妈妈享福；等我毕业工作了，就让妈妈享福；等我结完婚，有了孩子，就让妈妈享福。"

不幸的是，时间从不会对任何人放慢脚步，它从不会给你精心准备的机会，等待往往只能换来遗憾，想要做什么马上就要着手去做。

那时候电视台打算做一档人物专访类的新闻节目，领导决定把这个节目交给会会的团队去做。下达任务的时候只交代了节目的名字和时长，还有一句"自己去摸索着来"，因为那时候国内这类节目还少得可怜。

会会只是个摄像师，虽然在电视台已经有些年头了，但从没做过这样的节目，刚刚接手，他压力很大，时间一天天过去了，节目却没什么进展。

后来会会去请教电视台里的老编导，老编导们也没做过这样的节目，但凭着以往的经验他们送给会会一句话："先开始，随后再一步步调整，不开始一切都是空谈。"

会会只能一边参考着国内其他类似的节目，一边依靠以往的经验硬着头皮去做。第一期交上去后立马就被领导打下来了，还批评道："这是什么东西，不伦不类的。"会会只能再去调整，经过反复调整还是达不到要求，但最后也只能这样先上电视了。

有了第一期后，后面就在第一期的经验上逐步调整，团队里缺少科班出身的专业记者便去招，片头不够精美便去请人做，整个片子的吸引力不足便一步步改善。渐渐地这个节目被做活了，越来越专业，看的人也越来越多。

　　几年过去了，会会的这个节目在本地的新闻频道中收视率能排到第四，除此之外还获得过几次省级的奖项。在年度总结大会上，台里的领导点名表扬了这个节目以及会会的团队。

　　有人说"机会总是留给有准备的人"，我认为能抓住机会的往往是那些不去准备的人，机会来了要马上去争取，等待只能眼睁睁地看着珍贵的机会从眼前溜走，黄小琥的《现在就去做》唱得好："I know 每个人的心里都有一个梦，承诺倒不如现在就去做。"

7. 人生最大的快乐，莫过于做自己喜欢做的事

　　总有人在思考究竟什么才是人生最大的快乐，快乐就是蜜蜂对花蕊孜孜不倦地追逐，快乐就是向日葵对阳光一副既往地迷恋，快乐就是沉浸在喜欢做的事情……

　　正如李彦宏说的："我觉得成功的人生其实并没有统一的衡量标准，选择自己喜欢的事情坚持做下去，就是成功。"

　　李彦宏在一档节目中提到过自己的成功秘诀，就是做自己喜欢并擅长的事情。其实对任何一件事情而言，喜欢就会擅长，因为喜欢所以会去投入大把的时间和精力，即使会有一些困难，也会绞尽脑汁去克服。

　　2005 年百度上市后，有人曾劝李彦宏趁着有钱去做网络游戏，那时候国内的网游市场才刚刚起步，网民对于网络游戏的需求已经到了如饥似渴的地步，国内互联网企业纷纷跻身游戏

运营商。

有人拿着详细的数据分析找到李彦宏，劝他抓住机会为自己的事业开辟另一片疆土，并很理性地分析道：百度手中拥有强大的技术实力和庞大的用户群，如果抓住这个机会一举突破，很可能让百度从此便多出一个带来巨额利润的赢利点。

李彦宏听完对方充满激情的表述，沉默了一会，冷静地摇摇头："刚回国的时候我就已经看到了中国网民对网络游戏的热情高于其他任何国家的特殊形势。但我自己从来不玩网游，很长时间都搞不懂网游。我想，对于这种自己都不喜欢、更不擅长的事，即使商业机会摆在那儿，我也肯定做不过真正喜欢它的人。所以我选择了搜索。今天你让我选，我还是会这样选。"

正是一直走在一条自己喜欢的路上，李彦宏带领他的百度才能够走到如今的地位。

人生就是无休止地重复和坚持，选择做自己喜欢做的事情，人生将变得其乐无穷，当沉浸在对过程的享受中，结果的到来会变成一种惊喜。

著名学者易中天给女儿选择专业的建议就是：第一考虑兴趣，第二考虑自己的优势，第三考虑创造性，第四考虑将来是否挣钱。有人曾经对这个选择提出了怀疑："当生活难以继续的时候一切兴趣都是空谈，放在第一位考虑的应该是将来是否能挣钱！"

这样的想法是过于轻率的，大多数的时候兴趣可以变成专长，专长则很可能成为你赖以谋生的手段，此时在兴趣的催动下又会在谋生的手段中注入更多的精力与时间，这样不仅可以减少谋生伴随的痛苦与压力，还可能让你领先同行成为最杰出的人。

大学主修建筑的表弟毕业后按照父母的建议考了公务员，但他心里非常不喜欢这份工作，他更向往那种充满变化与挑战的生活。再加上他生性内敛不善交际，用老话说是"不会来事"，总是处理不好和上级、同事的关系，在机关单位里做公务员的那段时间里他总是郁郁寡欢。

后来他的一位老师开了一家建筑公司，有的时候业务忙了会请他帮忙，他用业余的时间重操旧业，做一些简单的图纸。

老师交给他的工作虽然很简单但很对他的胃口，很简单的一个设计他都会花很多心思进去，尽量做到尽善尽美，他的作品拿到老师面前总是让人眼前一亮。

渐渐地老师给他的任务越来越复杂，他不但没有感到烦躁反而痴迷于这种充满挑战的感觉，工作之余他仿佛获得了新生。随之而来的是老师给的报酬也越来越高，直到远远甩开了公务员的工资。

后来他索性辞掉了公务员的工作，完全投入到建筑设计行业，在这个行业里他如鱼得水，混得越来越好，先前的郁郁寡欢也早已一去不复返。

兴趣是做好一件事情最好的助力，一个人钟情于某件事情很大程度上是因为他在这件事情上有某种天赋，做这件事情的时候他能凭着这种天赋做得比别人更加优秀，进而获得一些成就感，这样的成就感又会促使他对这件事情更加痴迷。

去想去的城市，过想要的生活，从事自己最满意的工作，让自己一直保持在一个相对满意的状态，在满意中才能获得真正的欢乐。

8. 爱情不能糊弄，生活也是一样

生命是短暂的，要爱对的人，要过想要的生活，无论是爱情还是生活都不能将就，只能讲究。

小雅是个精致的人，无论多忙多累，她总要把生活过成诗。一次小雅突然接到电话，三两个闺蜜要来她家聚聚，电话那头说"酒都带了"，可家里什么菜都没有，这可怎么好。

小雅马上穿好鞋冲到楼下，在一家餐馆中定了几个菜，荤素凉热齐全。她又打电话到楼下的小超市，麻烦店员送两打啤酒上来。当小雅拿着打包好的菜品走到家门口时几个闺蜜和送啤酒的店员已经等了十多分钟了。

将闺蜜请进门后小雅到厨房拿来几个盘子，要把餐盒里的菜放到盘子里。一位闺蜜出来劝阻："在餐盒里吃就行，姐妹们聚聚，不用那么麻烦。"小雅坚决不同意，说用餐盒那是工作餐，到家了就一定要有家的样子。

小雅把一个个菜都放到光洁的盘子里并码好，又拿来几个红酒杯和啤酒杯，把家里常备的冰块放到每个啤酒杯中，又在每个酒杯中倒满酒，不知是谁这时突然打开了餐厅暖色调的吊灯。一下子温馨的感觉就出来了。

几个闺蜜边吃边聊，不知是谁说了一句："小雅这才叫生活，咱们那只能算是生存。"

有的时候生活和生存就是盘子和餐盒的差别，虽然里面的菜是一样的；就是玻璃杯和纸杯的差别，虽然里面的水是一样的；就是做饭和叫外卖的差别，虽然吃饱以后是一样的。但很多人却因为懒而选择了后者。

生活是一种长期而稳定的状态，生存却是一种暂时的不安的状态，就好比一个玻璃的杯子能反复用而一只纸杯用一次后就要扔掉。有的时候洗盘子、做饭虽然烦琐却是一种乐趣，这是生活独有的乐趣。这种乐趣使长期忙碌的人感到身心愉悦、安逸自得，在这样的状态下人才能得到真正的放松。

糊弄着过日子的人总是处在一种不安中，这种不安是没有安全感的表现，他们总是表现得过于急躁而不能专注眼前。当生活被糊弄的时候，生活也会还以颜色，糊弄生活的人因为长期的不安，终将导致精神的疲劳和对于眼前工作的心有余而力不足。

爱情是生活中最为关键的一部分，爱情的品质直接影响到生活的质量。《何以笙箫默》中有这样一句话："如果世界上曾经有那个人出现过，其他人都会变成将就，我不愿意将就。"何以琛向来是个不糊弄的人，所以对于爱情他选择不将就。

何以琛和赵默笙本是一对热恋的情侣，因为一些原因赵默笙不辞而别。何以琛本可以接受暗恋自己很久的何以玫，但生命中出现过赵默笙后，何以琛再不愿将就，七年后赵默笙归国，又出现在了何以琛的世界里，经过一番努力二人终于有了一个圆满的结局。

爱情本来就是一个挑剔的词汇，简简单单两个字的背后是三观的吻合，"不将就"还原了爱情本该有的样子。很多人总是被迫去爱，有的人因为年龄大了选择委身下嫁，有的人因为门当户对选择联姻，还有的人因为贪图富贵选择嫁入豪门。

这是一种本末倒置的行为，本来年龄、家庭、财富等外部因素都是可以将就的却不将就，偏偏把不能将就的爱情选择了将就。

爱情和婚姻是一体两面的东西。无论是爱情还是婚姻，都应该是为了自我生命的完善、生命品质的提升，是因为两情相悦，渴望朝朝暮暮在一起，渴望与对方共同生活、生儿育女，慢慢地相伴老去。不是因为孤独，也不是因为年龄到了，或者顾虑来自父母和社会的眼光。

"就这样吧！能勉强过下去就行。"这样的话我们已经不知听了多少遍，或是对于生活，或是对于爱情。这看似一种让步、一种妥协，其实这是一种放弃。有的人因为生活的艰难而选择了苟且，有的人因为爱情的辛酸而选择了将就。年纪轻轻就选择了放弃不仅是对自己的不负责也是对别人的耽误。

凭什么你的生活就可将就，凭什么你是因为将就而选择了我，其实你本可以拥有让自己满意的生活，对方本可以找到那个"不将就"的人，这一切都因为你的"将就"而破灭了，一个人的放弃，可能会毁掉两个人的幸福。

不要着急着糊弄生活，也不要着急着"将就"爱情，踏踏实实地去生活，平心静气地去等待，相信想要的生活总会有，相爱的人总会出现，只要能来，晚点又怎样。

9. 保持让自己舒服的状态

生活中总会有这样那样的不如意，我们总盼望着逃离这生活的牢笼，卸下所有的伪装，去追寻一时的无拘无束，但最终还是要回到眼前的不堪。不如让自己保持舒服的状态，和舒服的人在一起，以舒服的生活方式活着，让自己时刻保持满血，眼前的生活同样是一种享受。

吴先生五官端正，玉树临风，更为要命的是出生在诗书之家又是豪门望族，可以说吴先生就是电视剧中演的集万千宠爱于一身的人。

见过吴先生妻子的人一定会怀疑吴先生的脑子是不是在某一刻坏掉了，身高一米五出头，胖胖的，长相也很平庸，曾有人在背后调侃道："某知名歌星的身材，某知名笑星的容貌。"

吴先生第一次带妻子回家时全家上下都是反对的，吴先生却从来不曾有过一丝动摇，父母想着两个孩子一时看对了眼在一起玩玩而已，停他几天的经济支持，在生活压力下他们自然而然会分开的。

那时候吴先生刚刚大学毕业，本着历练一番的态度他带着当时还是女朋友的妻子去了一个从没去过的城市，大学刚毕业的人本来就过得很艰难，这时父母又停掉了经济支持，吴先生和妻子迎来了在一起以来最严峻的考验。

社会上到处是碰壁，到处都需要花钱，但吴先生的妻子是一个坚强又乐观的人，在最难的日子里他们互相安慰、互相鼓舞，吴先生多少次绝望的时候都是凭着妻子那种乐观向上的精神支撑过来的。

吴先生的父母见一年来二人感情不仅没有破裂反而更加笃实，渐渐转变了态度，但经济上仍然没有给予任何支持。后来吴先生和妻子在外地的生活逐步走上了正轨，吴先生突然有个想法，想辞职去创业，妻子表示支持，后来看吴先生一个人太累，索性自己也辞职。

辗转了几年，吴先生已经是一个小公司的老板了，二人商量着结婚，吴先生的父母此时已经默认了这个儿媳妇，婚礼前朋友们都打趣吴先生怎么不找个更漂亮的，吴先生说："我和她在一起很舒服！"

确实，和妻子在一起的时间里，吴先生每天都过得非常满足，无论房子多破，妻子总是收拾得干干净净，还不失美感。无论多忙，吴先生的晚饭一定会是一顿色香味俱全的营养大餐。

前进的道路总是充满艰辛的，一个相处融洽、能让你舒服的同伴会让艰辛的旅途少一些阻碍，以舒适的状态去生活，生活便会成为一幅充满诗意的画。舒适的生活并非总在那虚无缥缈的未来，无论眼前的生活有多么的不堪，总能让我们以一种舒服的状态去活着。

一个人难免会有懈怠的时刻，找到能让你马上恢复最佳状态的"能量源"很关键，这个"能量源"不限形式，可以是一部电影、一本书，也可以是一句话、一个故事、一个人，甚至可以是一顿大餐，总之是要让你在低沉的时候重新回到最佳的状态。

一个人的状态和他的体力总是分不开的，肉体是一切活动的源头，让肉体保持舒服的状态离不开锻炼和饮食，选择一项自己钟爱的运动，合理安排自己的饮食，让自己生活在一种健康而舒适的状态中。

精神上的共鸣也是保持舒适生活的重要一环，通过各种渠道，可以通过社交软件也可以通过参加集体活动，让自己结识一批志同道合的朋友，大家互通有无，互相交流各自感悟，心灵上的共鸣与满足让我们不再感到躁动和空虚。

审视自己的不足和发现别人的长处，能让我们在与别人的交往中保持最舒适的状态，能清楚地认识自己不足和别人长处的人是宽容的，这样能使我们的生活中少一些抱怨和谴责，多一些理解和宽容，人与人之间的交流才会变得如沐春风。

保持舒适的状态最关键的一点还是努力做到乐观。突然出现的烦恼是舒适最大的敌人，我们毫无防备，它让我们乱了阵脚，但只要我们拥有乐天派的精神，一切烦恼在我们面前都会被缩小，这是保持舒服的根本。

这个世上有的人终日愁眉紧锁，唉声叹气，活得很累，有的人每天潇洒坦荡、无拘无束，在一种舒适的状态下生活。活得累的仿佛中了魔越活越累，活得舒服的像中了奖，越活越轻松。生活就是这样，你用什么姿态去对待它，它便还你什么颜色。

10. 你距离想要的生活，只差一点勇气

泰戈尔曾说："有勇气在自己生活中尝试解决人生新问题的人，正是那些使社会臻于伟大的人！那些仅仅循规蹈矩过活的人，并不是在使社会进步，只是在使社会得以维持下去。"勇气为改变和进取注入动力，有的时候你距离想要的生活差的也许只是一点勇气。

电影《那些年，我们一起追的女孩》中，柯景腾一直是班里最调皮的存在，他却偏偏暗恋品学兼优的沈佳宜。但在沈佳

宜的眼里他只是个"自己不学习还不想让别人好好学"的幼稚男生。

一次，沈佳宜上课忘拿课本，柯景腾毫不犹疑把自己的课本塞给她，自己却挨了老师的罚。从此沈佳宜渐渐发现柯景腾自有他出众的一面，她决定督促他好好学习。

在沈佳宜的监督下，柯景腾的成绩飞速提升，沈佳宜也在不知不觉中对这个调皮的男生芳心暗许。眨眼间联考来了，考试后就毕业了，同学们就会各奔东西。

柯景腾决定向沈佳宜告白，而沉浸在考试失利的痛苦中的沈佳宜没有心情谈论儿女情长。后来上了大学，沈佳宜曾经问道："你真的那么喜欢我吗？"柯景腾回答："喜欢啊。"沈佳宜坚定地说："我现在就可以给你答案。"这时的柯景腾丧失了勇气，沮丧地说："请不要那么快拒绝我，请让我继续喜欢你。"

后来在两人一起放飞的孔明灯上，沈佳宜给出的答案是："好，在一起"。可惜的是孔明灯上的字柯景腾没有看到，柯景腾错过了一次最好的机会，所以他自始至终都没能和沈佳宜在一起。

正如电影主题曲中唱的那样："好想拥抱你，拥抱错过的勇气。"柯景腾距离沈佳宜只差一丝勇气的距离，成为他生命中最大的遗憾。

梦想与现实之间的距离往往只隔着一个勇气，精彩的生活并非遥不可及，多彩的世界也并不仅仅是梦想，鼓起勇气去追求则一切皆有可能。

遗憾的是，在选择面前我们总是缺乏勇气，有人说："我们害怕二选一，害怕选错了一辈子就毁了，我们害怕选了一条路，就再也没有机会重头再来，所以我们不敢放弃现在拥有的，害怕选择我们想要的生活。"

其实，选择从来没有对错之分，想要就要去追逐，鼓起勇气，凭借恒心和毅力，无论走的是哪条路，都会走到想要去的地方。

闺蜜在自己不喜欢的工作上倍受折磨，她决定辞去工作一心专注写作，这已经是她辞去的第八份工作了。

专职写作的第一年非常艰难，常常会因为没有约稿而怀疑自己的选择，也会因为没有灵感而怀疑自己的能力，但最终都因为心中的那份向往坚持下来了。

第二年就有所好转了，到了第三年，她已经可以凭借写作过上相当不错的生活，约稿排得满满的，每次开始创作总有源源不断的灵感。丰厚的收入让她能用得起曾经向往的化妆品，穿着想穿的名牌，任何时候都可以来一次说走就走的旅行，她过上了想要的生活。

季羡林的《八十述怀》中有过这样一段话：我走过阳关大道，也走过独木小桥。路旁有深山大泽，也有平坡宜人；有杏花春雨，也有塞北秋风；有山重水复，也有柳暗花明；有迷途知返，也有绝处逢生。路太长了，时间太长了，影子太多了，回忆太重了。细细品来人的一生中谁都难免会遇到挫折和困境。想要跨过这些沟坎需要有直面挫折的勇气。

生活是一门驳杂浩繁的学问，相比于技巧和天赋而言，勇气才是学好这门学问的根本所在。勇气是推动一切进步的动力，没了勇气，再好的天赋再高明的技巧也都只是摆设，无处发挥它的用武之地。

　　未来是怎样的，没人能告诉你，需要你去一探究竟，这需要的是勇气。勇气对奋斗的人来说是一种催化剂。也许你有一个美好的愿望，也已经在为了那个愿望的实现而努力着，但你总认为目标过于遥远，自身过于卑微，不管多努力，但距离目标仍然遥远。

　　此时，你需要在你的努力中加入一些勇气，告诉自己无论目标多遥远，总会有实现的一天。这时你会发现，有了勇气之后你的努力变得高效起来，你以一种前所未有的速度变化着，距离你的目标越来越近。

　　人生总是变幻莫测，机遇随时出现也随时溜走，鼓起勇气，就有可能进入另一个世界。

要么出彩要么出局，未来全靠死撑

1. 谁不是人前潇洒，背后死撑

有人说成功时流下的泪水是喜悦的泪水，开心怎么会流泪呢？那些泪水都是来自背后的痛苦和辛酸！我们不知道，他们风光无限的外表下尽是鲜血淋漓和伤痕累累，还有永远都不会痊愈的伤疤。

金星凭借一口毒舌和充满争议的生平成为了观众关注的焦点，但舞台上泰然自若，举止优雅，这自信高贵的背后金星尝尽了肉体和精神上的痛苦。

自打出生以后，金星就和命运杠上了，一颗女儿心却放在了男儿身上，这也许是上帝的失职。在追求自我的路途中，她从很小开始就活在别人的非议中，在那个自尊心极强的年纪里，金星无数次咬紧了牙。

1995 年，选择变性后，无论是外界的非议还是肉身的痛苦，都达到了一种极致，手术后还曾因医疗事故致使金星的左腿出现短暂瘫痪。

面对这样的局面，金星的妈妈哭成了泪人："金星跳舞跳得不好也就罢了，她跳舞跳得那样好，跳舞就是她的生命，这样的打击，她怎么能够承受得了啊！"金星纽约的姐妹江燕燕看到这样的情况冲着医生大吼："你们知道吗？你们把一个舞蹈天才毁了！"

手术之后面对的是外界让人难以接受的非议，这一切金星都咬着牙挨过来了。

2004年金星以《海上探戈》为主舞目在欧洲巡演引起极大轰动；2006年又被授予英国普利茅斯大学达廷敦艺术学院荣誉艺术博士称号；2012年获法国艺术与文学骑士勋章……

领奖台上的金星看起来是那样光彩夺目，鲜花都涌向了她，记者们的问题一个接一个让她应接不暇……

真正的成功从来都不容易，有这么一句话："每一个光鲜亮丽的外表下都有一个千疮百孔的灵魂。"对我们而言，坚强和坚持只是随口一说，但对他们而言，需要去逞强需要去死撑。

坚强至少是在自己的能力范围内，可以游刃有余地去掌控，而逞强则已经超出了自己的能力，拼尽全力也不一定能知道下一步是什么，这意味着他们时刻都在拼命，这是一部血泪史，是在痛苦绝望之际苦苦挣扎，苟延残喘，死都不肯放弃。

人生不是百米冲刺，拼尽全力冲出去，决胜就在刹那间。人生是一场马拉松，它要让我们体力耗尽，呼吸困难，磨烂脚掌，受尽折磨，让我们体验走到生命边缘的危机，然后还要凭借仅存的一丝意识继续下去。

聊起过去，眼前这位企业家总有说不完的故事，记得 2008 年的经济危机吗？那次公司损失最大，好几个月都是零零星星地接一些小订单，好多员工的工资一直拖欠着。

后来突然来了个大订单，我想都没想立马就签了，管他呢，先让大家有活干，能拿钱，公司只要能运作就行。后来带着大批货物到了对方海岸，迟迟没人过来提货，这可把他急坏了，一查对方的信用记录才知道被骗了。

这位企业家绝望了，没办法，只能带着翻译去国外，一家挨着一家找肯接收货物的公司，那边货物堆着还要付高额的仓储费，他和翻译每天行程安排得满满的，整整一个月，根本没人愿意要他们的货，签证到期，只能回国了。

那么多货不能扔了呀，工人的工资还指着它发呢。不久他又带着翻译来到了国外，这次终于有人肯买他们的货了，不过对方把价格压得非常低，想想能少赔一点是一点，一咬牙就把合同签了。

回国的飞机上他用外套捂着脸，翻译以为他睡着了，其实他在一个人偷着哭，他不知道以后该怎么办。

这位企业家讲着讲着情绪就控制不住了，后来他闭着眼，深深地吸了一口气说："过去了，都过去了，最难的时候都过去了……"

世上所有的痛都是真实，不曾有过满是伤疤的后背，不曾有过身心的支离破碎，不曾数着心跳坚持过，凭什么拥有万千宠爱。没有谁能始终从容不迫，也没有谁能青云直上，只要一息尚存，撑过眼前的苟且就是诗和远方。

谁都想风度翩翩地站在聚光灯下，但几个人能在背后咬着牙死撑，忍受痛苦的折磨，这个世界是公平的，付出和收获永远是对等的。当我们羡慕别人的潇洒时，不妨问问自己能否承受对方经历的痛苦，当我们正在承受痛苦时不妨想想以后的潇洒。

2. 只要你不放弃自己，就没有人能放弃你

安迪是一位银行家，偶然间发现妻子有婚外情，本想趁着醉酒杀了妻子和她的情人，但他没有那样做。奇怪的是在那一晚妻子和她的情人全都死于非命，他被指控谋杀，余生只能在监狱度过。

从进监狱的那一刻起，安迪便下决心自我救赎，监狱中度过的第一个晚上他没有哭，在监狱的第一个月他也没有和其他犯人交流，闲下来时一个人在四处闲逛，其实他是在侦测地形。

一个月后安迪通过非正规渠道在狱友那里拿到一把小型的鹤嘴锄，不久他又想办法找来一张巨幅的丽塔·海华丝海报贴在墙上。

偶然的机会，安迪用自己的金融知识帮助典狱长合法地躲过了一大笔税金，从此他获得了典狱长的赏识，并成为了典狱长洗黑钱的工具，安迪也由此摆脱了繁重的体力劳动。

一个年轻犯人的出现打破了安迪平静有序的生活，这位年轻人知道安迪妻子被杀的真相，安迪一度满怀希望想通过法律手段获得自由，可是在他提出重新审理案件的请求时，典狱长关了他两个月的禁闭。

　　典狱长一心想把安迪变成纯粹的洗黑钱工具，他害死了知情的年轻人，安迪的希望破灭了。后来在一个雷电交加的夜晚，安迪悄无声息地越狱成功，他取走了典狱长所有的黑钱，并把典狱长的罪证交到法庭，典狱长被迫自杀。

　　这时距离安迪入狱那一刻已经过去了 20 年，这 20 年里，他用的就是那小小的鹤嘴锄挖通了通往外界的通道，通道的入口便在巨幅海报后面，每天他看似闲逛，其实他在一点一点地把挖出来的泥土通过裤管排到地面。

　　这个故事来自电影《肖申克的救赎》，20 年的光影，安迪实现了自我救赎。

　　有时候我们不得不承认，摆在我们面前的现实很残酷，它不给我们留下一丝希望，对我们而言，放弃似乎是唯一的选择。我们无限悲痛，怨天尤人，苦苦挣扎，最终还是没能改变眼前的一切，最终我们还是选择了放弃。

　　这时我们听到背后有个声音在龇牙咧嘴地笑，仿佛它的存在便是为了见证我们放弃的那一刻，等我们真的放弃了，那笑声便更加肆无忌惮，它幸灾乐祸地说："等的就是这一刻，这是你自己放弃的，怨不得别人，以后你可别后悔，哈哈哈哈……"

　　原来我们上当了，所谓没有希望并非真的没有希望，原来只要自己不放弃真的可以改变一切，我们追悔莫及。

　　无论在什么时候，希望一直都在，它就在我们自己手中，自己不放弃自己，任何人都没有资格宣布你被淘汰，只要自己不放弃，游戏一直在进行。别人的设计陷害，监狱的铜墙铁壁都关不住一颗不肯放弃的心。

　　救赎从来不能依靠别人，只能靠自己。

一位国王决心处死敌国来的使节，为了显示顺应天命，国王准备一个袋子，袋子里有黑白两粒棋子，使节如果摸到白色的便可活命，摸到黑色只能被斩。

使节内心十分清楚，袋子里只有黑子没有白子，想要活命只能另想他法，他请求国王把这场决定他生死的活动安排在美丽的湖边，国王同意了。

当使节摸到棋子正准备展示给国王看时，他突然摔倒了，棋子拿捏不牢，掉进了深不见底的湖里。棋子没了该怎样处决使节，一时间满朝哗然，使节冷静地说："还由之前国王陛下定下的规矩来判决，袋子里有两颗棋子，非黑即白，现在打开袋子看剩下的是什么颜色便可。"

袋子打开后果然是一粒黑色的棋子，这意味着使节抽中的是白色的，使节逃过了一死。满朝官员纷纷祝贺使节的好运，使节却在心里说："好运是靠不住的，要靠只能靠自己。"

生命中总有无数绝望的时刻，我们幻想过谁能送来一棵救命的稻草，却不知道命运就掌握在我们自己的手心里。命运就是人生的方向盘，想让它通往什么地方应当由我们自己来决定。

网上有这么一段话："如果你不能够足够强大，那么这个世界永远只会对你展露出残酷的一面，而只要你付出了足够的努力，你就会发现，它是如此软弱可欺，你完全可以把它踩在脚下。记住只要你不放弃自己，命运就永远不会放弃你。"

希望在我们手里，未来也在我们手里，改变眼前这一切的也只能是我们自己，只要自己不肯放弃，谁说它渺小无力，谁说它势单力孤，星星之火尚可以燎原，谁敢嘲笑不肯放弃自己的我们。

3. 你必须很努力，才能看起来毫不费力

我们眼中总有一群"他们"，他们衣着光鲜亮丽，每天灯红酒绿，香车美女。在我们眼里他们一定是富二代，但其实，他们只是在背后付出了我们想不到的努力。

看到这位高中同学在朋友圈里晒出的婚纱照，我才知道他要结婚了。在同学口中得知这位兄弟已经在寸土寸金的帝都买了房子，未婚妻还是一位女神级别的白富美。

在被这一连串的"惊喜"轮番轰炸过后我才回过神，确定没有搞错？这真的是那位上课回答老师提问都会脸红的兄弟？

记得高中时，这位兄弟知道自己基础差，靠文化课想上一所好大学简直是痴人说梦。高二分班以后便报了艺考班，学的是美术，因为没有绘画功底，所以他比别人都要拼，每周仅一天的休息时间也会有半天待在画室，最后考进了一所还算不错的美院。

还记得高中时学校允许艺考生不上晚自习，下午学完艺术课程就可以回家，但这位兄弟每个晚自习从不缺席，他不是在那做题便是坐在某位同学跟前讨论问题。

他在大学的专业是动画，因为喜欢再加上努力，短短两年他就掌握了别人四年才能掌握的那些软件，稍有空闲他便泡到图书馆里看书学习。

慢慢的，他的一些作品陆陆续续地开始获奖，奖项越来越大，知名度也越来越高。毕业后就被国内某知名动画公司签约，

工作之余他还努力学习日语，又自费到日本深造。

这位兄弟的事情在群里爆出来以后，整个群就像炸了锅一样，不少同学说："兄弟，隐藏得够深呀！"这位兄弟只是略显尴尬地回一句："哪有，哪有。"

其实不是这位兄弟"隐藏得深"，只是他在经历那些不为人知的煎熬时没人去关注。我们看到的总是别人风风光光的外表，我们总愿意去相信"摇身一变"的神话，却不肯去探究华丽转身的背后他们究竟经历了些什么。

就像歌词里写的"没有人能随随便便成功"，那些让我们眼前一亮的人，他们一定付出了常人难以想象的心血。那些别人眼中的英雄，他们背后的故事无不让人为之动容，所谓的英雄靠的是努力和付出。

他们早上五点钟起床健身，那时候我们还在睡觉，七点钟开始悠闲地吃早餐刷新闻，我们却忙着洗漱。对我们来说，早餐不过是上班路上的一杯豆浆、两个包子，而他们的早餐营养均衡花样多变。

工作中他们能很快进入最佳状态，始终保持充沛的精力，好像总有源源不断的创意从他们的脑子中产生，而此时的我们正睡眼惺忪，打着哈气看着电脑，效率可想而知。

晚上下班回家，他们会用一顿营养又科学的晚餐犒劳辛劳一天的自己，然后给自己留出两个小时的充电时间，拿起书本学习。相反，我们下班后饱餐一顿，然后坐到电脑前打一把游戏，或者躺在床上习惯性地打开手机，不停地切换着社交软件，不知不觉 12 点过去了，潜意识里告诉自己："明天又将是匆忙而又无精打采的一天。"

直到有一天，他们鲜衣怒马地出现在了我们的世界里，我们才明白，那些潇洒的眼前事，无一不曾经历过身后的艰苦付出。有一句说得好："你必须很努力，才能看起来毫不费力。"那些谈笑风生、轻松自如的背后一定是十年寒窗、悬梁刺股的付出。

演艺界有一句老话"台上一分钟，台下十年功"，其实人生在世，各行各业无不如此，经历过了台下十年的磨砺打磨，才能换来台上华丽的转身。

4. 多一分煎熬，就多一分强大

我们都知道，很多事情坚持下去就有收获，但总是熬不到那一刻。煎熬确实让人难以承受，但煎熬过后我们收获的是"宠辱不惊，闲看庭前花开花落，去留无意，漫随天外云卷云舒"般的强大，就像《平凡的世界》中说的："人的生命力，是在痛苦的煎熬中强大起来的。"

那一年大年三十的晚上，许久不见的朋友们聚完打车回家，刚坐上车司机就接起一个电话，可能是家里人催他回家吃年夜饭吧："你们别等我了，今天路上堵，我可能会晚点回去，剩点饭回去一热就行。"

看司机年纪与我不差多少便攀谈起来，我说大年三十都在家吃年夜饭哪来的堵车呀。司机说家里都指着他一个人，父亲在工地伤了，怕是以后也做不了重活了，弟弟还在上大学，家里还有爷爷奶奶要养活，不多赚点不行呀。

我还在为他的遭遇感到不幸，他很快话锋一转说，没事，熬过来就好了，过两年弟弟毕业了，两个男人赚钱，家里会好很多。那时候钱也赚得差不多了，就可以回老家盖一所新房子，娶个媳妇，好好奉养老父老母。

我说，是呀，咱们这个年纪说是奋斗，所谓的奋斗不就是一个熬字吗？能力要靠熬，资历要靠熬，薪水待遇也要靠熬……

不知不觉到我家楼下，司机只按平时的价钱收我六块钱，下车时我把兜里的二十元留在了座位上。看着出租车消失在视线里，我感慨万千，很多时候不就是一个"熬"字吗，熬的真正意义不在结果的得偿所愿，而是在熬的过程中收获了坚韧、担当和成熟。

中药本是一堆枯草，把它变成能治百病的药汤的过程便是熬。文火慢熬，让每一味药材都把它所有的药效融进药汤中，如此方能发挥它的最大功效。

人也和中药一样，每个人与生俱来的都有许多不为人知的品性，能让我们的这些品性逐渐显现出来，并为我们之后的人生奠定基础的，就是我们所遇到的那一件件煎熬的事情。不能轻易地去躲避外界给予的压力，只有经历了跋涉的煎熬和挫败的洗礼，我们才能渐渐厚重而充盈。

石悦一直以来都是一个很普通的人，出身平凡，性格内向，上学时成绩平凡也没有什么特长，总之他就是被人们习惯性忽视的"大众脸"。虽然平凡，但石悦还有一点和别人不一样，他酷爱历史，在别的孩子抱着玩具的时候，他抱的却是《中华上下五千年》；上了大学，别的同学忙着谈恋爱打游戏的时候，他却躲在图书馆看那些晦涩难懂的古籍。

后来大学毕业了，石悦考上了公务员，工作之余他很少参与娱乐活动，再加上他不抽烟也不喝酒，更不打牌，这让许多同事觉得他很孤僻。其实，当同事们在做这些事情的时候他都在啃古籍，在他眼里历史上那些人物似乎比眼前的这些事要有意思得多。

后来他以笔名"当年明月"在网上开始撰写《明朝那些事儿》的历史小说，结果小说一推出，很快就在天涯、新浪等网站掀起一股浪潮。直到现在，"当年明月"和他的《明朝那些事儿》几乎无人不知。

曾有一位记者问起石悦："从默默无闻到无人不知你是怎么做到的呢？"石悦调侃地说："比我有才华的人，没有我努力；比我努力的人，没有我有才华；既比我有才华，又比我努力的人，没有我能熬！"

熬，有的时候可以视作一种财富的积累，最难熬的日子里，往往可以积累下更珍贵的财富。一起经历过出生入死的战友往往比亲人还亲，一起熬过艰难岁月的夫妻往往更恩爱，即便是一个人，从苦难日子中熬过来的人也会比别人多一分成熟和稳重。

多一分煎熬就会多一分强大。熬的过程是痛苦的，很多时候甚至会让人感觉到绝望。因为在这个过程中我们看不到终点，其实熬下去的关键不在于能否看到终点，而是善于在这个漫长而又痛苦的过程中发现自己的收获，才是支撑我们熬下去的关键。

5. 不拼尽全力，就没有资格说放弃

村上春树说："竭尽全力埋头苦干，还是干不好，就可以心安理得地撂开手了。然而，如果因为模棱两可、半心半意而以失败告终，悔恨之情只怕久久无法拂去。"没有经历过拼尽全力，即便是说要放弃也是有气无力的，全力以赴对待每一件事，给自己一个底气十足的青春。

事实上，所有拼尽全力都会得到意外的惊喜。

一天猎人带着猎狗在外狩猎。猎人用枪击中了一只兔子的后腿，兔子拼命地逃跑，猎人放出猎狗去追带伤的兔子，见到猎狗追来兔子跑得更快了。

追着追着，兔子不见了，猎狗到处找也找不到兔子的踪影，只好回到主人身边。猎人见状便开始痛骂猎狗："你怎么那么没用，一只带伤的兔子都追不到！"猎狗听了心里不舒服说："我都已经尽力而为了。"

兔子带伤跑回洞穴后，兄弟朋友们都围过来问它："你后腿带着伤，是怎么从那条猎狗的口中逃离出来的？"

兔子答道："我俩所处的境况不一样，他追不到我最多挨一顿臭骂，所以它尽力而为就可以了，我不一样啊，我得玩命跑呀，万一跑慢了就没命了，说白了就是全力以赴！"

本来我们有好多不为人知的力量，全力以赴才能激发出来，但很多时候我们的这些力量被"尽力而为"给埋葬了。

有一部电影叫《我还没全力以赴》。电影讲的是一个叫黑

静雄的中年人，活到了 42 岁的时候突然发现自己没有成功过，上有老下有小的他陷入了中年危机，后来他决定辞职找回自我。

但他作出这个决定之后却在打游戏，结果终日无所事事，对眼前的一切很不满却不去着手改变，每天只幻想着要追寻自我，结果郁郁而终，死前说了句："我还没有全力以赴。"

我们回顾过往，很多人都不曾全力以赴。我们曾计划学习书法，但时间都用在了买笔墨纸砚和碑帖上。假如书法练习和准备面试的时间有了冲突，我们陷入一片混乱，结果又决定放弃面试，全力练习书法。后来书法练习不见起色，跳槽的想法又出现在了脑海里，就这样每件事我们都想去尝试，但每件事都不曾拼尽全力地去做，最终生活还是停滞在眼前的状态。

有的时候我们总以为自己已经很努力了，下了班想早早回去，舒舒服服洗个澡，躺在床上一动不动，却不知多少家公司还亮着灯，多少个努力的人还在加班，有的人即便是下班回家了也会利用空余时间去提升自己。总有人比你努力，那是因为你还没有拼尽全力。

我们羡慕别人的平步青云，抱怨自己的时运不济，此时我们是否应该去想一想，真就是时运不济吗，别人的平步青云难道就那样得来容易吗？相信最终的答案都会落到"拼尽全力"四个字上面。

有的时候我们会害怕去拼尽全力，拼尽全力就像一场豪赌，一旦输了不仅输掉了时间和精力，别人的质疑和冷嘲热讽也会让我们失去信心和勇气，渐渐地我们不再去拼，不再去努力，凡事浅尝辄止。

拼尽全力后当然也会有失败，但它远没我们想象得那样可怕。失败后固然会有失落，但更多的是豁达，应该学会理智地排除错误的方向，然后以饱满的热情和丰富的经验，全力以赴地奔向下一个目标。

试想，如果一件事我们并没有尽最大努力便放弃了，它留在心里便成了一条虚幻的退路。当我们在前进中遇到困难时便会想起这条退路，并在潜意识里告诉自己"也许那条路更适合我"，这样的想法严重干扰了我们前进的方向。

人生的路上有太多的选择，既然已经选择了就拼尽全力走下去，不拼尽全力永远不知道选择的正确与否，纵然错误了那又怎样，就像歌词写的那样"看成败，人生豪迈，只不过是从头再来"，赢了固然值得欣喜，但输也要输得无怨无悔。

6. 磨破手掌，才能配得上别人的鼓掌

汪国真说："磨难有如一种锻炼，一方面消耗了大量体能，一方面却又强身健骨。"成长的路上必然与磨难常伴，磨难是一种锻炼也是一种考验。磨难之下见高低，正因为有了磨难，人才有了区别。

晚清名臣刘铭传是李鸿章手下淮军的著名将领，也是洋务派骨干之一，曾任台湾巡抚。当时曾国藩要李鸿章举荐一名官员出任台湾首任巡抚，李鸿章一共举荐了三名官员给曾国藩。当三名官员应约来到曾府时却迟迟不见曾国藩的身影，除刘铭传之外的两位官员坐不住了，纷纷怀疑曾国藩是否因公务繁忙而忘了这件事。一位在厅堂中走来走去，自言自语，甚至还有

小声抱怨。一位坐在椅子上不断地找另外两人搭腔说话，只有刘铭传安安静静地在欣赏厅堂中挂着的字画。

后来曾国藩现身了，出人意料的是，他给三位官员的问题与厅堂上所挂字画有关，结果只有刘铭传作了精彩的回答，台湾巡抚就由刘铭传出任了。

两位官员心里不服，便问起曾国藩："曾大人，做巡抚，为官一方，不应该注重治理地方的能力吗？为什么您要问字画方面的问题呢？"

曾国藩回道："今日是我有意来迟，一方面是看你们是否有很好的耐心，另一方面看你们会把这些时间用来做什么事。刘铭传一直都不急不躁，还会去静心欣赏字画，这很难得，让这样的人去治理台湾才不会出大乱子。"

果然，刘铭传为台湾近代化作出了非常重大的贡献，被称为"台湾近代化之父"。

磨难是不分大小的，任何一场磨难都是一场考验，经得住考验的必有过人之处，这正如大自然的规律"适者生存"。人生路上的一场场磨难就好比一场场考验，每一场磨难过后，那些不具备条件的只能遗憾淘汰，脱颖而出的都是强者，鲜花与掌声他们受之无愧。

磨难使弱者出局，使强者更强。孟子说："故天将降大任于是人也，必先苦其心志，劳其筋骨，饿其体肤，空乏其身，行拂乱其所为，所以动心忍性，曾益其所不能。"这句话流传千古，激励了无数正在经受苦难的人。傅雷曾把这句话放在由他翻译的罗曼·罗兰所撰写的《贝多芬传》的首页。

孟子的这句话前半句讲的是经历磨难，后半句讲的是磨难让强者拥有了更加难得的素质。贝多芬的一生正是如此，他几乎历经了所有命运中的苦难，但也达到了别人无法企及的高度。

年幼时酗酒的父亲把他当摇钱树，逼迫他不停地练琴，手指肿胀，半夜三更都不能例外。青年时又失去了母亲，30 岁又因出身卑微而失恋终身未娶，不久他命运中的终级恶魔——失聪来了。

对于一个音乐家而言这是致命的，祸不单行，他又患上了重病，在这场看似毫无胜算，又连年不息的战争中他"扼住了命运的咽喉"，一曲曲震惊世界的著名篇章诞生，贝多芬也达到了"超凡入圣"的境界，被世人称为"乐圣"。

贝多芬的创作灵感多来源于他所经历的磨难，《致爱丽丝》便是写在他失恋之后，《英雄交响曲》是因向往自由而写，《欢乐颂》因失聪而写。命运的磨难使贝多芬遭受折磨，也使他收获了坚强的意志和常人难有的辉煌。

磨难可以塑造一个真正优秀的人，在磨难面前，一个足够优秀的人会表现出坚定的意志和高昂的斗志，对他们而言这是一次汲取成长所需营养的大好时机。他们勇敢地去经历，痛苦也会露出笑容，因为他们知道自己在成长。

对于我们每个人而言，我们的灵魂也是在一次次磨难中变得坚韧而有力的，哪有一辈子波澜不惊的人生，或多或少，或大或小总会经一些磨难。磨难后便成长了，这就是人生。人生离不开磨难，而磨难会使人生变得厚重。

人生道路上的坎坷起伏，波澜壮阔便是磨难，从中经过必然会遍体鳞伤，但回头观望时那些经历便是一片风景。

玉不琢，不成器。磨难能发现杰出，也能造就杰出，从磨难中走出来的都值得拥有掌声。

7. 耐得住寂寞，成得了大事

有人说"耐得住寂寞才守得住繁华"，在那些只有沉默的岁月里，独自承受寂寞和孤独，独自在这寂寞中潜心修炼，不骄不躁，不弃不馁，成就一份笃定与沉着，收获一份进步与强大，直到顺其自然地去迎接破茧成蝶。

王国维在《人间词话》中说，古今之成大事业、大学问者必经过三种之境界："昨夜西风凋碧树，独上高楼，望尽天涯路"，此第一境也；"衣带渐宽终不悔，为伊消得人憔悴"，此第二境也；"众里寻他千百度，蓦然回首，那人却在灯火阑珊处"，此第三境也。

成大事业、大学问的人都会经历过"独上高楼，望尽天涯路"的孤独与寂寞，寂寞永远是最好的修炼时间。

从很小的时候王澍就与寂寞为伍，为了打发那些寂寞时光他爱上了画画，渐渐也就爱上了寂寞。别的孩子在顽皮打闹的时候，他独自在那里画画读书，他的世界越来越没人懂，他也越来越寂寞。在高考报考志愿的时候，他向父母提出要学画画，但遭到父母的反对，他只能选择和画画沾一点边的建筑系。

在大学，听了钱钟韩校长的"别迷信老师，要自学。如果你用功连读三天书，会发现老师根本没备课，直接问几个问题就能让老师下不来台"以后，从大二开始他便开始旷课，孤身一人泡在图书馆看各种类别的书。

毕业后的十余年里他先是从浙江美院下属公司辞职，接着又过起了近乎与建筑设计绝缘的生活，除了和工匠在工地上一起从事体力劳动外，就是每天在西湖边遛弯、喝茶、看书、走亲访友。

他不侵入别人的世界，别人也休想打扰他的寂寞，他始终都是特立独行的一个人，不鼓励拆迁，也不主张对老房子进行翻新，几乎不接商业性项目。在那个时代，全中国都在快速城镇化，建筑设计已经走向了产业化，但好像这些都与他无关。

2012 年王澍成为了第一个获得普利兹克奖的中国人。谈起成功之道时，王澍说："我得谢谢那些年的孤独时光。"

我们生活在这个社会中，每天都在与不同的人产生不同的关系，或多或少，我们总受到了一些牵制。从某种意义上讲，我们并非真正的自由。一个人之所以会觉得寂寞是因为他独立于别人而单独存在。

这时我们的心里会感觉空荡荡的，想尽一切办法要去把它填满起来。一直以来我们都把寂寞的时光当成一种不好的东西，让它尽量少一点，其实那些寂寞的时光才是真正属于我们自己的时光，我们可以随意支配，同时这也意味着这样的时光将使我们变得跟别人不一样。

北京有这么一位年轻人，上世纪 70 年代时他在京郊的一个村子里插队，那时候下乡知青每天的工作很累，大家回来大都倒头就睡，他却要一个人画一会花鸟鱼虫。

后来他被调到县文化馆美术组，他依然一个人画他的花鸟鱼虫，什么涨工资、同事间的明争暗斗都跟他丝毫没关系。

在那个动荡的年代中，他是一个例外，若干年后市里搞起了美术馆展，他的那些花鸟鱼虫一下受到了很多人的喜爱，从此他名动全城。

寂寞的时光是最容易积聚能量的时光，那些才华横溢的人从来都不是合群的人。他们的出众便来自于寂寞时的积累，当别人为了消磨寂寞时光在泡吧、饭桌、打牌时，他们却在安静地学习一门外语，自学某一项技能，或者准备某一种考试，所有这些努力都终有爆发的一日。

寂寞的时光更能实现自我的升华，平日里我们的脑子被工作和生活占据，寂寞时便可以抛开这一切，让脑子清空，让自己陷入一种难得的深思中。思考人生，思考生命，思考自己的得失，思考一切我们平时难以去深究的问题。思考是一个沉淀的过程，沉淀下来的便是融入我们思想中的精髓，深思过后便觉得如获新生。

这个世界的灯红酒绿和纸醉金迷使我们身心俱疲，不知所措，寂寞的时光里我们孑然一身，回归真我。聆听内心深处的声音，明确自己究竟在追求什么，想要成为一个怎样的人，以此为准绳，去校准现实生活中被外界左右的你。

耐得住寂寞是一种从容也是一种自信，耐得住寂寞方能变得更加沉稳，也更加睿智，耐得住寂寞才能成就大事。

8. 彪悍的事，都是你一个人的时候做出来的

周国平说："世上有多少个朝圣者，就会有多少条朝圣路。每一条朝圣的路都是朝圣者自己走出来的，不必相同，也不可

能相同。"热闹只会消磨人的意志，孤独会成就伟大，艰难的朝圣路，都是一个人走出来的。

楠楠高中的时候是个特别优秀的女生，性格好颜值高，身边从来不缺闺蜜和追求者，走到哪身边都有陪她一起的小伙伴。

后来上了大学，身边优秀的人一下子多了起来，楠楠不再是最受欢迎的那一个，她感觉自己的圈子一下子变小了。很多时候，一些事情只能自己独自去做。

楠楠想尽快摆脱这种不适应，她试着主动向别的姑娘发出邀请，希望可以找到形影不离的小伙伴，但很多事情上她们都会出现分歧，楠楠只能屈从别人。

临近大学毕业，大家都在忙着投简历找工作，一些同学都拿到了很好的 offer，楠楠却双手空空。她知道原因所在，别人都有各种证书，还有丰富的实习经历，而她什么都没有。

看到别人考证她也想去，但是学英语没有人陪着早起背单词，专业考试没有人陪着泡自习室，想考计算机又没有人陪着去机房，大四想去实习但家乡的机会不多，一个人又不敢出远门……

喜欢热闹的我们无论做什么都喜欢扎堆，总希望"有个伴"，在我们习惯性的认知里，多个伴便多一份照应，平时的大小事情都可以互相帮助，互相商量，这样可以避免很多错误的发生。退而言之，在一个充满未知的地方，多一个伴也就多一分安全感。

退休前哈罗德·福莱是一位酿酒工人，退休后的生活虽然谈不上美满但还算是平静，直到他收到 20 年前同事兼好友奎尼的一封信。

这是一封临终的告别信，想起昔日的情分，哈罗德对奎尼的遭遇表示很痛心，认为简单地回一封信不足以表达对奎尼的情感，最后他只在信中写下了一句简单的问候，当他在准备把信投到信箱里时，遇到一个女孩。哈罗德对女孩讲了奎尼的事，女孩告诉他信念可以治好癌症，哈罗德突然"顿悟"，决定胸怀信念徒步走到奎尼的城市——贝里克。

哈罗德所在的城市与奎尼所在的贝里克分布在英格兰岛的两端，没有过多犹豫，哈罗德给奎尼所在的疗养院和妻子莫琳打过电话后便开始向贝里克出发。没有任何行李，没有任何准备，哈罗德就这样上路了。

旅途的开始是极其痛苦的，身体长期不锻炼，突然高强度地徒步行走使哈罗德很快就吃不消了。身体的疼痛又带来了内心的折磨，但最终哈罗德在自己的坚持和路人的帮助下挺过来了。后来他的行为被媒体曝光，甚至有一些人加入了他的旅途，并命名为"朝圣"。

队伍越来越大，内部出现了各种各样的分歧，后来又演化成矛盾。队伍渐渐散伙，哈罗德被人遗忘了，甚至一条跟随自己很久的小狗也离开了他，他又开始了一个人的朝圣。最终见到了奎尼。哈罗德的旅途不仅给了奎尼希望，挽救了婚姻，激励了一些路人，最后他还拯救了自己。

很多时候，别人的陪伴不仅不会带来帮助，反而会带来一些干扰。与别人在一起的时候，我们总要去做出一些让步，以此来成全两个人的美满，我们不能再心无旁骛地按照自己内心的想法去做事。

相较而言，那些独自一人的时光更像是上天的一种赏赐，它让我们有机会去做一些自己认为很重要的事，久而久之，那些看似点滴的小事成了一件了不起的大事，而那些与人相伴的事依旧平淡无奇。

终于我们发现，原来彪悍的事都是一个人做出来的。

9. 别着急，属于你的岁月都会给你

这个世上最公平的是时间。静下心，踏实一点，相信那些属于你的，岁月都会一样不少地送到你眼前。

小卢在公司已经三个月了，对他来说，过去的 3 个月仿佛要长过 3 年，面对眼前不断重复的工作，他厌倦了。停下手中的工作，小卢抱着头思考自己的未来和人生："这样下去什么时候才是个头啊，每天都在重复着做这种没有丝毫挑战性的工作，我会变得麻木的！"

回想过去的 3 个月，小卢总是莫名其妙地被安排和老员工一起加班，每天工作的内容就是写房地产广告文案，反反复复就是那几句话。小卢也曾萌生辞职的想法，但他想打破毕业以来在一个公司最长不过半年的记录，所以他苦恼究竟该怎么办。

经过反复思索，权衡利弊后，小卢还是辞职了，理由是"看不到未来"。朋友们问起"半年魔咒"时，小卢的回答是："在未来面前一切都要让路！"

小卢很快找到了下一份工作，但类似的经历又发生了——他陷入了"半年魔咒"的恶性循环……

　　我们总抢着把现在的时间用到未来的事情上去，为了那个美好的未来，我们忘我地工作，不舍昼夜。从朋友圈中隐去，渐渐地与亲人的联系频率也在降低，珍贵的假期和周末我们也安排得满满的，这一切都是为了让那个美好的未来快些到来。

　　但年轻的我们还不知道未来是抢不来的，只能踏踏实实，一步一个脚印地踩出来。未来并非在前方，而是在脚下，不断地把现在堆起来，堆得多了，量变产生质变，未来就来了。就像古人说的"不积跬步无以至千里"。

　　静下心踏实走好每一步，这才是迎接未来最正确的姿态。

　　1871 年的春天，一位在读蒙特瑞综合医科的学生，在书上读到这么一句话："最重要的就是不要去看远方模糊的，而是做手边清楚的事。"这句话深深刺激了他，从此被他奉为人生准则。

　　这位年轻人叫威廉·奥斯勒，后来成为一代名医，创立享誉全球的约翰霍普金斯学院，被英国国王封为爵士。在耶鲁大学演讲时他曾说过："我的成功并非因为我拥有与众不同的头脑，而是我活在一个相对独立的今天。"

　　奥斯勒还说，从英国到美国时，他乘坐一艘巨大的海轮横渡大西洋，船长站在舱房里按下一个按钮，结果船的几个部分隔绝开来，彼此形成相对独立的完全隔水的隔舱。

　　奥斯勒爵士把人生比作一艘精美的海轮，虽然航程非常远，但是只有我们踏实做好每个隔舱的防水工作，才能确保人生的巨轮开到遥远的未来。

　　在耶鲁大学的演讲中他提到，为明天作准备的最好方法，便是把所有的精力和智慧都热忱地投入到今天。

作为一个人生刚刚开始的年轻人，我们不要太过着急，不要急着去怀旧，眼前的精彩远胜过过去的记忆；不要急着"看破红尘"，世间永远都存在着真挚的情感；不要急着去愤怒，守住情绪才能收获更加强大的内心；不要急着去成熟，生命中那么多神秘的未知都为年轻而准备。

最重要的，不要急着去成功，成功没有捷径，成功急不得，与其好高骛远地去憧憬美好的未来不如脚踏实地经营好今天，从做好身边每一件小事做起。

年轻的我们需要有一颗上进的心，但支撑着这颗上进心的应该是一种摒弃浮躁、平心静气的灵魂。有句话说得很好："你一定要很努力，但不要着急。"正如谈到长跑时村上春树说："将意识只集中到如何把两条腿甩到前方去。"

年轻人一定要努力，努力的意义不只为那个光明的未来，努力的意义在于努力本身就是一种自我价值的实现和满足感的获得，这才是生命的意义。

走好了脚下的路，未来自然会渐渐清晰，我们急功近利地向往着那些年少成名的经历时，应该清晰地意识到，曾经有过那么一群人大器晚成，却青史留名。

汉高祖刘邦从沛县起兵时已经47岁，勾践"卧薪尝胆"大败吴国时也是47岁，著名画家齐白石老人更是56岁才开始转变画风名声大噪，而辅佐武王灭商的姜太公80岁才遇到文王。

平心静气地告诉自己："踏实一点，不要着急，属于你的岁月都会给你！"

10. 生活从来不会亏待熬得住的人

那些熬得住的人，生活是从来不会亏待他的。也许你曾苦苦奋斗而终不可得，但请你相信，有些东西之所没来，并非它不属于你，只是时机还没来到，此时你要做的就是咬紧牙关，熬下去。

16 岁那年，一个山里姑娘看着姐姐外出打工了，她很自责却又无能为力，她立志通过写书改变命运。

姑娘只有五年半的小学学历，这样的文化程度想要靠文字成名，在任何人看来都是天方夜谭。她不为所动，但下笔那一刻才知道困难远比想象得要多，由于基础太过薄弱，一段完整的话她都不会写，她只能去查阅那本《新华字典》，时间一长，字典都被翻烂了。

山里人手里的活总是做不完，农忙时她趁午休和晚饭后写，农闲时她伏在窗前的缝纫机上写。没有电脑，只能手写，三十万字的稿子要写一百万字，稿子在房间里一摞摞地堆起来了。

三年后她的第一部作品结稿，这是一部武侠小说，满怀希望地寄给了出版社，却被无情退回，理由是"武侠小说市场萎缩"，三年的心血只能付之东流。

她又尝试着写短篇的爱情小说，寄给杂志社后石沉大海。外界的嘲讽变得更加猖狂，家里人的反对态度也在变得越来越强硬，日渐拮据的家庭不再愿意为她付钱购买纸笔，她只能去捡一些废品去换钱，买最便宜的纸张，自己装订成册。

　　冬天双手曾被冻得握不住笔杆，夏天蚊虫叮咬得满胳膊是包，就这样又是五年。五年里她完成了七部小说，二百多万字。山里信息闭塞，她的作品一直找不到出版商。好在此时家里已经被她的坚持而感动，并支持她写作。

　　家里的状况也越来越差，姑娘必须外出务工，走上同姐姐一样的道路了。本想趁着打工的机会，自己攒点钱买一部电脑，结果父亲的意外受伤终止了她不长的打工生涯。她只能回家边照顾父亲，边做农活，但从未放弃写作。

　　一年后，她终于收到一家出版社的约稿，她试着写了一部反映打工者生活的作品，结果小说出版后反映很好。这个山里姑娘就是鄂州市农民作家陈家怡。

　　林语堂说："捧着一把茶壶，把人生煎熬到最本质的精髓。"熬不是逆来顺受，也不是对眼前遭遇的妥协和放弃，熬是缓慢积聚能量，静待爆发，人生的精彩全在一个"熬"字。

　　我们的人生没有那么多的大起大落，甚至连大的磨难和挫折都不会出现，对我们而言最大的挑战就是"熬"，熬过去了就好了。

　　"熬"看似一种考验，但它却是一种缓慢的升华，慢得让我们忽视了它的变化，慢得让很多人放弃了努力。它的变化却是难以否定的，像一碗粥，文火慢熬，所有食材的味道充分释放出来，人生中的酸甜苦辣也是这样熬出来的。

　　一碗粥中所有食材的味道都被熬出来，意味着这碗粥火候到了，可以出锅了。人也一样，尝遍了世间的酸甜苦辣后，一个人才算是完整了，老话说"熬出了头"。

　　很多事也是如此，事没成，很大程度上只是火候不到，熬出来就好了。

从 19 岁成名到 39 岁获得奥斯卡金像奖，莱昂纳多·迪卡普里奥足足熬了 20 年，在这期间他曾四次被提名。

纵然多次陪跑，莱昂纳多对电影的专注却从来没有减弱过半分，可以说他一直在熬，最终，在 88 届奥斯卡颁奖典礼上，他凭《荒野猎人》获奖。可谓实至名归，影片中百分之五十的时间他都在爬行，在接近北极圈的地方跳进河流中，把马杀死后掏空内脏光着身子钻进去……莱昂纳多熬出来了！

人的一生，最大的智慧也是一个"熬"字，熬的精髓就在不轻言放弃也不轻言改变，长时间地以一颗宁静淡泊的心去面对眼前的 一切荣辱。

时间是最好的试金石也是最好的磨刀石，岁月的长河奔流不息，沉淀下来的东西才是至金至贵的。人的一生看似很长实则不长，很多事看似很难实则不难，这其中的关隘就在一个"熬"字，熬得住的人从来不会被岁月亏待。

哪怕再难，也要把日子过成诗

1. 不曾被世界温柔以待，却依然善待世界

老话说："但行好事，莫问恩仇。"能善待他人固然不易，但如果一个人能善待仇人便算得上是一种伟大的人格了。所谓强者就是"不曾被世界温柔以待，却依然能够善待世界"。

早上出车时，出租车司机赵哥发现车玻璃被砸了，昨晚熬夜挣的一叠零钱也消失得无影无踪。赵哥想一定是哪个缺德的看到车里有钱一时财迷心窍才干的这事，无奈赵哥只能自认倒霉。

正是梅雨季节，本就因车窗被砸心情不好的赵哥想到雨天生意惨淡就气不打一处来，但生活还得继续，先把玻璃换了，再去碰碰运气，能拉一个算一个。

眼前又是个红灯，赵哥想："今天倒霉，红灯都跟我作对，一个接一个，一个比一个时间长。"正准备开骂，赵哥看到对面好像有个人在等车。"终于有生意了，红灯你倒是快点绿呀！"赵哥这样想。

赵哥紧紧盯着十字路口对面的这个人，突然他发现哪里不对，他用手擦了擦前挡风玻璃，终于看清了。这是一位孕妇，打着伞在等车，旁边是个扒手，正把手往孕妇包里伸。看到这一幕，赵哥脑子突然窜出这样的念头："终于有人陪我一起倒霉了。"

但这个念头马上就被赵哥赶出了脑子，他想万一这个扒手偷了东西后顺手把孕妇推到，后果不堪设想，于是他冲着孕妇疯狂地按车喇叭，见孕妇没反应他又把大灯打开，不停地闪，后来小偷发现自己的行为暴露了便悄悄溜了。

善待别人也许并不难，难的是坚持善待下去，哪怕别人报以怨恨，所谓"以德报怨"就是这个意思。我们总能以饱满的热情去对待别人，有时却不被别人理解，这时我们往往会沮丧，会后悔。也许从此不再热情，有时候甚至以牙还牙，以同样的冷酷去迎接别人送来的热情。

畅销书作家水木丁说："谢谢你曾温柔地对待这个世界，在这样的世界里可以用自己温柔的方式生存下去的人，都是了不起的人。"

1994年，一对美国夫妇带着7岁的儿子在意大利游玩，他们正驱车行驶在高速公路上，突然旁边的一辆车超过了他们，车窗中伸出一支枪，冲着夫妇俩的车一阵乱扫之后消失了。夫妇俩没有大碍，但7岁的儿子不幸中弹身亡。

夫妇俩陷入深深的悲痛中，在某一瞬间他们恨透了这个国家，恨透了这片土地。但很快他们回归了理智，儿子的生命已经无法挽救，事已至此，只希望让儿子给这个世间留下更多的善良，他们决定把儿子的健康器官捐赠给这个国家。

捐赠器官这样伟大的事情，即便是意大利本国国民都很少去做，美国夫妇的这一举动不仅拯救了 5 名意大利人，也让意大利整个国家为之动容。

1994 年 10 月 4 日，意大利总统斯卡尔法罗授予夫妇俩一枚金质奖章。

男孩叫尼古拉斯·格林，事情发生以后，意大利以"尼古拉斯"命名的街道、建筑、公园多达 120 多处。从此意大利警方最痛恨的便是杀害儿童的凶手，每逢遇到这样的案件，他们总是不惜一切代价彻查到底。

事件发生十年之后，意大利的器官捐赠率翻了三倍，这种现象被称为"尼古拉斯效应"。

这对美国夫妇用他们的温柔唤起了　个国家的温柔。

这个世界已经有了太多的残酷，也太需要温柔，但温柔总是脆弱的，它一碰就会碎，我们总是小心翼翼地用温柔去对待残酷，但温柔总是碎得体无完肤，从此我们的温柔变得更加娇弱，在温柔面前我们也更加吝啬。世间的温柔越来越少，残酷却越来越多。

强者能让这个世界变得美好，是因为他们能让这个世界少一些残酷，多一些温柔。他们也曾被粗暴、残酷地对待，他们的温柔也曾碎得体无完肤，但他们对温柔从不吝啬。他们始终把温柔奉献给残酷，他们相信温柔终将感化残酷，这个世界正是因为有了他们才充满了希望。

2. 不是每一次努力都有收获，坦然面对

柯景腾说："你信不信 10 年后我连 logo 是什么都不知道，照样可以活得好好的。"

沈佳宜说："我相信啊！"

柯景腾说："那你还用功读书？"

沈佳宜说："人生本来就有很多事是徒劳无功的啊。"

这段对白，第一次看《那些年，我们一起追过的女孩》时没有丝毫印象，时隔四年，再次看九把刀的这部电影，才真正明白了它的含义。

人生中很多事都是徒劳无功的，但我们却不能因为存在徒劳无功的可能性便放弃去用功。就像张爱玲说过的："不是每一次努力都会有收获，但是，每一次收获都必须努力，这是一个不公平的不可逆转的命题。"

九把刀是导演也是作家，他年少时做尽了徒劳无功的事，除了被他写进小说改编成电影的追求沈佳宜，他还曾痴迷漫画。他把自己画的漫画给同学看，居然受到同学的欢迎，有一次居然在考场上将试卷的背面画满了漫画。

那些日子里，九把刀把几乎所有的心思都放在了画漫画上，但他最后没有成为漫画家，反倒成了一名作家，后来又成了一名导演，年少时的努力只能算是付诸东流了。

九把刀是幸运的，虽然漫画家没做成，好在作家和导演并

不比漫画家差，也就是说他的理想和现实虽然没有重合但最起码是平级的。大部分人并没有这样的运气，付出努力却得不到收获，对他们而言意味着失败。

很多人从此便一蹶不振，放弃了努力的目标，亲手关掉了自己人生中的一扇门，其实失败并不可怕，可怕的是失败后便放弃，很多时候我们需要的不是"再也不"，而是"再一次"。"再也不"意味着没有任何可能，而"再一次"至少还有可能性存在。

况且，就算之前的努力没有得到收获，也并非真正的"徒劳无功"。曾经采访过一个妇产医院的副院长，这位副院长50多岁了，心态很好，多才多艺。谈起年轻时的经历时，他说了这样一句话："年轻时的所有努力，到了一定年龄都会给你带来意外的收获。"

网上流传过这样一个段子：有人问读那么多书，到头来忘得一干二净，有什么用。其实读书好比吃饭，长这么大吃过的饭都消化了，有的甚至连味道都记不清，但你知道，它们变成了你的肉、你的血液，构成了你的生命。

在这个急功近利的世界里，我们太过于浮躁，总是忙着去抛弃一些东西，去否定一些东西。我们总会以"没有用"为标签去区分眼前的一切，却往往忽视了，有些我们认为"没有用"的有时往往能发挥巨大作用。

乔布斯只读了一年大学便退学了，虽然是退学但他没有离开学校，他做了一名旁听生。因为没有考试和学分的压力，乔布斯可以尽情地选择自己喜欢的课程去旁听，乔布斯选择的是书法课。

书法课老师的授课方法很奇特，他总把学生带到不同环境的场所，有时是静谧的森林，有时是喧闹的街道，有时甚至是重金属音乐震耳欲聋的酒吧。老师先让同学们感受环境的氛围，接着会给出一段话，让学生们凭着自己的感受去自由发挥。

后来乔布斯提起这段经历时说，他学书法的时候并没有带着什么样的目的去学习，单纯只是喜欢而已。

后来乔布斯投身 IT 行业后，开始试着用书法课上学到的一些东西设计一些字体，这就是畅销的麦金托什电脑多种字体和变量距字体的由来了。

面对付出却没有得到收获，我们要坦然面对。其实所有的付出都是有收获的，我们之所以会感到失落，是因为得到的那些收获并非我们当初所追求的。你梦想考一所重点高校，却只能上普通大学，你想进大企业，却只能在小公司。

我们要试着坦然接受这一切，接受了你可以选择再次努力，或者审视在这次努力中收获了什么，但如果你放弃了，那将意味着你一无所有。

曾听过这样一句话："高考的魅力不在如愿以偿，而在阴差阳错。"也许高考之后你没有去理想的大学，但在当下的大学里你结识了一帮相见恨晚的朋友，留下了值得毕生珍藏的回忆。也许你没能进入大型企业，但在小公司你得到了更多的锻炼，你的潜力得到充分挖掘，各项能力都得到了全面的锻炼。

当苦苦追求而没有拥有时，不妨静下心，以一种坦然去面对眼前的一切，静静享受这种徒劳无功。

3. 停止反刍痛苦的经历，伤口才会愈合

过去的痛苦就像一把刀，它曾刺伤了我们，随着时间的推移它已经锈了钝了。当初的伤口也在渐渐愈合，我们不时地去回忆那些痛苦的往事，就是在经常性地打磨这把刀，让它重新变得锋利，再一次把我们刺伤，伤口始终难以愈合。想要愈合，只有彻底把痛苦的刀子丢掉。

她曾拼尽全力去挽回，但最终还是分手了，失恋的那些日子她整天浑浑噩噩，她整个人都彻头彻尾地沉浸在痛苦中，把自己关在屋子里，看着男友留下的东西，陷入深深的回忆，但越是回忆就越是痛苦。

突然有一天她精神饱满地出现在众人当中，朋友都为她的转变而惊讶："你经历了什么？""你没事吧？"

她说，她后来想通了，既然已经无法挽回就彻底抛到一边，于是把她世界里所有关于男友的东西都处理掉，她说："这不是感情用事，那些东西留着只会让我时不时地陷入痛苦，我把它们都扔了！"

后来她全心全意地投入了新的生活，努力去工作，真诚地去对待朋友，整个人都散发着正能量。一次偶然的机会她认识了现在的丈夫，他说她最迷人的地方就是那种持续不断的正能量，跟这种女生在一起生活才有希望。

所有伤口都会愈合，愈合的过程中总会痒，忍住不去理会它伤口才能尽快愈合，不留伤疤。如果时不时挠一下，挠过之

后会更疼，许久之后，即便是伤口愈合了，也会留下终身伴随你的丑陋伤疤。

时间是治愈一切的解药，有些痛苦的过去之所以反复折磨着你，不是因为别的，只是因为你还牢牢抓着不肯放开，只要你足够勇敢，这个世上没有过不去的苦难，反复去回忆只会让痛苦发酵。

年少时，张无忌亲眼看见父母双亲被崆峒、华山、少林等门派逼死，母亲死前让他记住这些人，长大后学了武功——报仇。

人生最大的仇恨莫过于双亲的仇恨，人生最大的痛苦莫过于眼睁睁地看着父母双亡而无能为力。

张无忌练成九阳神功后重新回到江湖，便遇到了六大门派围攻光明顶，这时六大门派的高手正和明教斗得难分难解，双方损失都十分惨重。

这时正是报仇的好机会，他的仇人或多或少都受了伤，自己又身怀绝世神功，如果这时报仇可以说是轻而易举。但他把个人的痛苦放下了，他要调解六大门派和明教的仇恨。

正因为这样，张无忌活得越来越精彩，他做了万人敬仰的明教教主，成功化解了六大门派和明教的世仇。渐渐地，父母双亡的仇痛也一去不回了。

与张无忌的释怀相反的是成昆，他因师妹被前任明教教主阳顶天霸占而痛恨明教。先是设下圈套陷害了阳顶天，师妹因此而自杀，成昆痛上加痛，他又精心策划并制造了明教和六大门派的矛盾，他时常提醒自己不要忘记仇恨，可以说他的后半辈子都活在痛苦中。

后来成昆的阴谋被一步步地揭穿，最后只能落得个身败名裂的下场。

放不下的痛苦是一种负担，它在我们的肩上，限制着我们前进的脚步，我们之所以现在寸步难行或许就是因为背负了太多的痛苦，彻底放下痛苦，我们觉得身轻如燕，前进的道路便会平步青云。

有的时候，痛苦就摆在那里，我们想根除它，但因为方法不对，不仅没有达到想要的效果反而让它更加猖獗，它在那里张牙舞爪地向我们耀武扬威，不用担心，只要你有决心，一切你想战胜的都可以战胜。

想战胜它并不难，我们先去弱化它，每当它跳出来挑衅时就告诉自己："没什么大不了的!""让它去闹，成不了气候的!"痛苦和欢乐本就是天敌，它们此消彼长，渐渐地痛苦被弱化了，快乐自然而然就强大了。

有些痛苦难以根除是因为你始终把它藏在一个阴暗的角落，鼓起勇气，把那些阴暗的过去暴露在阳光下，把那些难以启齿的事情大大方方告诉值得信赖的人，有的时候说出来就好多了。

人生是那样的多彩多姿，很多有意思的事等着你去做，与其一个人窝在屋子里独自承受过去留下来的那些伤痛，不如打开门窗，让阳光照进屋子，让自己投入到新的生活中去，接受生命的精彩与感动，那些痛苦的经历自然而然地便会消失不见。

世界那么大，没去过的地方那么多，人的一生本就有限，不要再让过去的包袱妨碍你的前进，抛开过去才不会错过未来。

4. 去爱吧，就像不曾受过伤害那样

张爱玲说："在这个世界上总有一个人是等着你的，不管在什么时候，不管在什么地方，反正你知道，总有这么一个人。"未来总是充满希望的，丢掉过去才不会错过未来，去爱吧，就像不曾受过伤害那样。

那时候《我是金三顺》热播，追剧时我们都曾化身金三顺。在我们的幻想中，无论是生活的种种困难、爱情上的种种伤痛，还是事业上的种种磕碰，我们都会一一克服。失去的就一点一点地去拿回来，就算是遍体鳞伤，也依旧会拼尽全力去爱。

当命运真的降临到我们头上时，现实的残酷狠狠地给了我们一记响亮的耳光。爱情明明已经完全离开了我们的世界，但我们仍旧沉迷在自己给自己设置的梦境中无法自拔，在这个梦境中，爱情从来都不曾离去。

但是梦境终究是虚幻的，我们在虚幻与现实之间不断挣扎，不断受伤，直到伤得失去了继续去爱的能力。

爱情里没有对错之分，有时候我们多么希望对方是个人渣，感情结束的时候，我们大骂一声便可以干干净净开启下一段生活，但现实偏偏是对方足够优秀，对我们也关怀备至，有的时候即便是分手也是温柔的。

不管怎样，最终对方还是离开了我们的世界，无论他走得多么优雅，但也始终没有回头。只留下我们在原地傻傻观望，

抱着那仅剩一丝的希望。

看到了这样一句话："期待你的到来，无惧你的离开。"细细品味，也渐渐释怀。爱情来了，我们便放开一切，轰轰烈烈地去爱，不去计较得与失、伤与痛，只求无愧于心，无愧于爱。

当它要离开了，我们勇敢去面对，相信那些伤痛迟早会痊愈，好好经营自己，这样在命中注定降临时才能全力拥抱。

相爱时不能迷失自己，彼此仍是独立的个体，在共同生活中不忘经营自己，即便是不爱了，我们也可以坦然地谢谢对方在我们的生命中出现，然后互相说一声："珍重！"

人生有太多的无奈，有些人注定要离开你，你拼命挣扎也于事无补，眼前的现实不会因为你的挣扎而改变。相遇是上天安排的，离开同样也是，既然离开了就说明那不是最终，未来会有真正属于你的在等着。

放下那些过去的伤痛吧，它让你看起来像一只刺猬，浑身都是又尖又利的刺，既让人可怜又让人感到可怕。不仅别人会被你的样子吓到而不敢接近，纵然你去拥抱别人也会对他人造成伤害，而这样的伤害对对方而言不仅是不公平的，而且是令人伤心的。

告别过去，全力以赴地去迎接未来，树木告别了冬天的枯枝败叶，才有春天的鸟语花香，告别是为了迎接更好的。

也许你曾经因为失恋而受过伤，在那种撕心裂肺的伤痛中曾发誓再也不相信爱情，从此"爱情就像鬼一样，都听说过，但谁也没见过"成了你最喜欢说的一句话。

但不管怎样，爱情实实在在地存在着。"爱情也许会迟到，但它从不会缺席。"

直到有一天你遇到了那个人，从此便像钱钟书先生形容她的妻子杨绛一般："我见到她之前，从未想过结婚，我娶了她十几年，从未后悔娶她，也从未想过别的女人。"

真正的爱情往往不是苦苦追求得来的，钱钟书和杨绛第一次见面俩人没说一句话，第二次见面时钱钟书便说："我没有订婚。"杨绛答："我也没有男朋友。"从此二人便开始了半个多世纪的热恋。

杨绛先生的《我们仨》中有这样一句话："我一个人怀念我们仨。"她让这段热恋再次复活了。

遇到那个对的人就是这样心有灵犀，钱先生夸妻子是："最贤的妻，最才的女。""绝无仅有的结合了各不相容的三者：妻子、情人、朋友。"

钱钟书先生逝世后，杨绛便独自挑起了整理先生遗稿的工作，她断绝了外界的一切联系，在整理钱生的遗稿时仿佛在和先生谈心。

后来在媒体上看到杨绛先生，她还是那样的优雅、端庄，每次讲话都会提到钱先生，每次说起钱先生她始终都带有一种崇拜和自豪的神情。其实杨绛先生自身也是一位伟大的文学家、翻译家。

真正的爱情就是这样，让人如沐春风，没有过多的伤痛和纠葛，但这样的爱情需要敞开胸怀大胆地去付出，大胆地去接受、去爱，就像不曾受过伤害那样。

5. 伤心也不皱眉，你不知道谁会爱上你的笑

微笑拥有一种神奇的力量，伤心时的微笑不仅会感动别人，也会激励自己，笑为别人带来的是阳光，为自己带来的是希望。

老秦不是女汉子，是真汉子。然而刚刚进入职场时，同事们看到这个瘦瘦小小的美女时都以为她是个柔弱的女孩，有的男同事甚至已经准备好了安慰的话，以便在美女被暴躁的上司训话后第一时间送上安慰。

谁想老秦在入职后的第一个月便把公司上上下下得罪了个遍，甚至连打扫卫生的大妈都不曾放过。奇怪的是虽然总是受到排挤，老秦有过顶嘴，有过反抗，但从来没有哭过。

每天早上，老秦总是漂漂亮亮地迈着自信的脚步进入公司。一次工作上的失误，上司顿时大怒，当着众多同事的面开始大骂老秦："来公司一个月了，除了把同事得罪了个遍，一件事没做好，不行就趁早走！"

公司里顿时静了下来，谁也不敢发出一点声音，仿佛这个安静就是在等老秦的哭声。老秦拿起上司桌上的文件默默走回了办公桌。第二天老秦照样迈着自信的步伐漂漂亮亮地来上班。后来在一起的时间久了，同事们都知道老秦只是性格耿直，并没有坏心眼，渐渐地都原谅了老秦之前的冒犯，并打趣地以男同事的称呼叫他"小秦"，谁知她说："叫老秦！"老秦就这样征服了人生的第一家公司。

我们周围有各种各样的围观者，也许他们不是同一群人，

但他们始终都在，并且拥有相同的目的——等你哭，等你出丑，然后对你冷嘲热讽。生活就是这样残酷。

也许你也曾尝试过向别人倾诉，渴望得到对方的安慰，但生活中拥有真正同情心的人少得可怜，肯设身处地地为你着想的人更是没有几个。他们往往借着安慰你的名义，用三分之一的时间来安慰你，剩下那三分之二的时间里，他们不知不觉地把你的经历过渡到了自己身上，并一气呵成地开始炫耀他们的成功。

他们这是要彻头彻尾地击垮你，他们只是化了妆的围观者。

面对这些磨难，哭，就是一种认输，输了之后磨难不会因此而全部散去，反而会在原有的基础上再加一层。在生活面前，认输是没有用的，你只能去反击。

你反击的唯一武器便是微笑，生活并不是所谓的"生下来，活下去"，生活是面对现实去微笑。你不带一丝疲惫，没有一丝伤感地去微笑，那闪烁着希望的微笑让生活都向你低头。

公司里也曾出现过许许多多这样的男生，他们初入职场，锋芒毕露，一些职场中的潜规则还不甚明了，因此处处得罪人，也处处都受到同事的排挤。

最开始他们努力地坚持，即便是上司痛骂，同事陷害，他们也都忍住了，他们认为自己没有错，只是没有职场经验。可同事们不仅没有宽容之心反而得理不饶人，于是他们觉得不能向这些同事低头。

正是怀着这样的心态，他们在公司里成了"独行侠"，尽量减少与同事的沟通。后来发现，这样的状态难以在公司立足，但又不知该去怎样化解这样的尴尬，最后只能选择离开公司。

其实面对外界的磨难，我们都会伤心欲绝，但脸上仍要流露出微笑，这是在告诉别人："我还好！""我没有认输，我还在战斗！"

有时候伤心时的微笑也是对别人的一种宽容。两个人吵架了，下一次碰面时我们向对方微笑，这是在告诉别人："我还好"。这是一种友善的表达，它向对方传递的真正信息是："过去的都过去了，我已经不介意了，希望我们能依如之前的友好。"

微笑就是这样神奇，它刚柔并济，所到之处都能化腐朽为神奇。

对自己不要吝啬你的微笑，在这个残酷的世界，即便所有人都对你冷眼相看，但你也要多对自己笑一笑，这是对自己的一种温柔，让自己时刻保持充足的斗志，去迎战未知的世界。

对别人不要吝啬你的微笑，即便我们曾受到了重创，与周围的世界格格不入，但微笑如同春风化雨，宽容了别人，也感动了别人，你的微笑所到之处枯木逢春。

6. 面对阳光，你就会看不到阴影

每当眼泪快要流下来的时候我都会仰望天空，天空从不让我失望，蓝蓝的天，白白的云，还有阳光灿烂。不知什么时候，眼泪不见了，我知道是被阳光赶走了，因为眼泪和阴暗一样怕见到阳光。

张璨在北大的学生会正是风生水起的时候，收到了教育部发出的学籍注销通知，原因是政策规定被大学录取后不去就学而选择复读的学生，需要停考一年才有资格参加高考。

张璨被某所大学录取后她没有入学，也没有停考，拼命复习一年后终于被北大录取，结果却在大三的时候收到了这样的通知。当时张璨脑子里一片空白，接着就是拼了命地向相关部门递交申请，但政策如此她一切的努力都是徒劳的。

那段时间张璨的内心是无助的，也是痛苦的，同学们甚至担心她会自杀。就在这时，张璨读高三时的班主任给她寄来一封信，曾经的班主任老师在信中真诚地向张璨道了歉，因为自己的失误导致了如此重大的错误。在信中老师还鼓励了张璨："一个人面对太阳的时候，他的眼前就是一片阳光，而当他背对太阳的时候，他看到的只会是自己的阴影。老师永远相信你是老师所教过的最好的学生，你要让那些不相信你的人10年后再看……"

这封信让张璨接受了眼前的现实，之后的日子里她仍然会坚持去上课，成绩仍然很棒，她对自己说："我可以没有毕业证，但不能没有真正的知识。"

走出阴暗后，张璨拥抱了阳光，凭着这份心态她从打工走到创业，直到成为个人资产超过25亿的女企业家，成为《福布斯》2000年度公布的中国内地50位拥有巨额财产的企业家中的一员。

在这个世上，没有谁的一生是一帆风顺的，地球上每时每刻都有悲剧在上演，但这个世界仍然是欢乐的，人们总是充满信心快乐地生活着，包括那些正在经历一些不幸的人。

事情本身是没有幸运与不幸的分别的，它只是按照一定的规律去发生。有些事情带给我们的是欢乐，有些事情带给我们的只有烦恼，而这都是人们后来为这件事情附加上去的。

就好比失恋，它本像是寄存在某个地方的一个物件，是你的迟早都会到你手里，两个人在一起不合适迟早会分开。这本是不合适而导致的必然结果，有的人会坦然面对，分开是一种解脱，对两个人都好；有的人则会伤痛欲绝，久久不能释怀。

本是同一件事，却给正在经历的人带来了不一样的情绪，这一切都因我们怀着不同的心态去面对。决定我们情绪的不是眼前的经历，而是内在的心态。拥有好的心态，生活中的琐碎小事也会奏出欢快的乐章。

老农的驴子不小心掉到了一口枯井里，这可把老农急坏了，他开始想尽一切办法去解救这头驴子，但是最终都失败了。听到井下传来驴子的哀嚎，老农颓废地坐在井边。无奈，老农只有把驴子埋了，一方面是解除驴子的痛苦，另一方面为了防止别的人畜掉入枯井中。

农夫不断地把土抛入井中，驴子仿佛明白了自己的处境，发出了撕心裂肺的叫声，伴随叫声的还有上蹿下跳的挣扎声。可是过了不久，井下安静了，驴子不叫也不跳了。农夫好奇，看到驴子不断地把落到背上的土都抖落下来，并用蹄子把落到地上的土都踩实。虽然很慢，但驴子的脚下确实在一步步地升高。后来驴子就这样意外地被救出了枯井。

世间的事就是这样，它就在那里不会改变，可以改变的是我们的心态。我们选择把它放到背上，它便成了负担，越来越重，压得我们透不过气，让我们寸步难行；选择把它踩在脚下，它便是上升的阶梯，助我们走向更高的地方。

很多东西在我们来到这个世界以前便存在着，很多人已经给它涂上了不同的颜色。当这些东西出现在我们的世界时，我们习惯性地接受了别人赋予它的色彩，却忽略了它的颜色可以被我们改变。心是一支能变出各种色彩的画笔，它可以给我们世界里的东西涂上我们想要的颜色。

要想让这支笔始终保持一种美好的颜色，先要去认可它，认可它的美好，认可它的强大。相信它是美好的，它的美好可以改变一切。相信内心便是相信自己，不因外界的褒贬扬弃而改变初心。

活在这个世上，有无数的人在为我们付出，想要心保持美好就要去感恩，一颗时常感恩的心本就是美好的事物。感恩就是面向太阳，张开双手，阳光洒满的地方就不会有黑暗，这个世界便是一片美好。

7. 那些不期而遇的温暖，是你坚强的理由

安东尼说："人生，总有不期而遇的温暖和生生不息的希望。"其实那些不期而遇的温暖带来的便是生生不息的希望，有希望我们便会坚持。

曾经在微博上看到过这样一条互动："在评论里留下你经历过的不期而遇的温暖，点赞最多的送礼品。"打开评论，一个个简短的经历都让人内心涌出一股股暖流。有这么一个故事让人印象深刻。

女孩半夜被剧烈的疼痛痛醒，一个人在外工作，身边没有亲人朋友，孤立无援之际，她想起了可以用打车软件叫出租车

过来把自己送到医院。她便在打车软件里呼救，声音带着明显的病态，但久久没有回应的司机。

那时已经很晚了，大部分司机都已经回家休息了，况且听到女孩那种病态的声音，很多司机都会因心里害怕而选择沉默。女孩顾不上这么多，她心里始终都抱着一丝希望，她在坚持，相信总会有好心的司机出来帮她。

突然女孩听到软件里传来一个年轻男子的声音："师傅，麻烦您一下，咱们按着这个女孩的地址去把她送到医院，回来再送我回家，大半夜的，我给您加点钱。"听到这里，女孩流泪了。

不期而遇的温暖像一阵风，我们从不知它什么时候会来，甚至不知它究竟会不会来，但它真的来了，它带来了嫩芽，带来的虫鸣鸟叫，带来了大地复苏，不知不觉间它带来了整个春天。

茫茫人海，那些不期而遇的温暖来得如此突然也如此及时，因为不期而遇所以少了一些因等不到而产生的失望，却多了一丝惊喜。它的到来温暖了本已走上绝望的岁月，惊艳了那些平淡无奇的时光。在那一刻不用有太多言语，一切都在一个眼神或者一个简单的词语中，这样的交流是一种灵魂的沟通。

梁实秋在《我的人生哲学》中说："我常幻想着'风雨故人来'的境界，在风飒飒雨霏霏的时候，心情枯寂百无聊赖，忽然有客款扉，把握言欢，莫逆于心。"其实，相比"风雨故人来"所带来的慰藉，"风雨路人来"带来的那种温暖与感动更会给我们以希望。

大雨倾盆而又举目无亲之际，我们满眼都是绝望，这时头顶上突然出现一把伞，回头只见撑伞的是一位素昧平生的路人，他向我们微微一笑，仿佛在告诉我们："别灰心，一定要坚持下去！"刹那间，我们体内涌现出无穷无尽的能量，给我们信心去战胜一切。

在这个世界上我们并非孤立无援，四周也并非到处都是一片荒芜，总有一丝希望会在我们穷途末路时带给我们柳暗花明又一村的感动。它们的存在是一种提醒，也是一种勉励，它在我们绝望的时候悄悄告诉我们："要坚持下去！"

也正是因为它们的存在，我们才一直坚持着，我们相信这个世间还有爱，还有希望。

不知从哪天起，同事的桌子上每天都会放一瓶矿泉水，我们都知道她从不喝这种水，都好奇她为什么会买这个。一天中午，见她在公司门口签收她的外卖，顺手把水递给了外卖小哥。

一次聊天中我们问起了这件事情，她说有一次抱着一大堆文件在等电梯，旁边一位外卖小哥也在等。因为东西太多又太沉她无法按电梯的按钮，小哥很亲切地问她去几楼，还帮着拿了一些文件送到公司，等她回头要给小哥倒一杯水时已经不见了小哥的踪影。

从此她看到快递小哥就格外亲切，因为每天午饭都要点外卖，所以她每天都会提前带一瓶水，等签收外卖时就顺手送给不同的外卖小哥。

听了同事的故事，有一些好心的女同事也有了同样的行为，后来有人提议公司多准备一些纸杯，每次有外卖小哥过来送外卖都为他们倒一杯水，说声感谢。

所有那些不期而遇的温暖，需要的都不是多大的能力，而是一份爱心。那些温暖了我们世界的举动，都不是多么惊世骇俗的壮举，往往都只是很平凡的一件事。因为有了爱心，他们把这份爱心送给了毫不相识的我们，如一股春水，撞开了我们内心的坚冰。

作为一个曾被温暖，曾经被这种神奇的力量激励过的人，我们也应该让这份伟大的感动延续下去。去做一个温暖的制造者，拥有一双善良的眼睛，胸怀一颗与人为善的心，在平凡的生活中用我们平凡的举动去传递不平凡的感动。我们不求回报，也不求改变世界，只求让这份感动得以延续，禅宗说："爱出者爱返，福往者福来。"希望传递温暖的人总被这个世界温柔对待。

8. 这个世界上有人在偷偷爱着你，只是你不知道

这个世界远没你想的那么残酷，那些还没有来的只是在准备更好的。我们常抱怨人心冷漠，世态炎凉，总想着去索取却忘了去回报。正如阿瑟·赫然普斯所说："许多人知道如何享乐，却不知道自己从何时起已不再向别人提供欢乐。"换个角度去看待这个世界，常怀感恩之心，你会发现这个世界处处充满爱。

上班路过报刊亭，他站在报刊亭前翻来翻去没找到自己想要的，便想请老板帮忙找一下。

正在整理刊物的老板看了他一眼低下头继续做自己的工作，非常不友善地说了声："卖完了你去别家买吧。"他正想着这个老板怎么是这样的态度，猛然间看到报刊亭的角落里放着一份他感兴趣的报纸。

他指着那份报纸说："老板，我想要那一份，卖给我吧。"

老板又看了他一眼，冷冷地说："不卖！"

他被老板这种恶劣的态度激怒了，正准备和老板理论一番，哪知老板先暴躁起来了："我都说不卖了你怎么还不走，怎么，还想抢？快走快走！"

他只能憋着一肚子气转身离开，正准备破口大骂，忽然看到一个离自己很近的年轻人匆匆走开了，长期生活在外，他顿时明白了缘由。

原来刚才他在找报纸的时候一个扒手尾随他身后，眼看就要把手伸进他的包里，老板看见后让他离开是为了保护他……

事上很多事都是这样，它们看起来很丑陋、很残酷，但冰冷的背后往往怀着一颗温暖的心，但我们却总是因为它们冰冷的外表而急着否定它。所谓的命运，有的时候并不是不近人情的掌控者，它更像一个守护者，在黑暗中默默守护着你，在你最需要的时候给你最温暖的呵护。

茫茫人海中，我们每个人都曾是独立的个体，独自在属于自己的一片世界中，过着彼此没有交集的生活，后来机缘巧合，一个人突然出现在了我们的世界里，或者我们走进了别人的世界中。原本互相独立的世界被打破，从此便有无数个精彩的故事发生。

这些故事有的让我们快乐，有的让我们悲伤，但都发生在了我们身边，既然发生了便是上天的安排，就像至尊宝对紫霞仙子说的："上天安排最大。"上天安排便意味着无法逃脱，就像至尊宝最后还是爱上了紫霞。

"存在的便是合理的"，那些发生在我们生命里的故事，无论欢乐与否，最后都会在我们的生命中留下烙印，这些烙印便是：宽容、体谅、正直、信任、友善等一串美好的词汇，我们因这些故事而变得越来越好。

常怀一颗感恩的心,感谢命运里所有的相遇,包括所有的愉快和不愉快。不是有这样一句话吗:"前世的千百次回眸才换来了今生的擦肩而过。"王家卫也曾说过:"世间所有的相遇都是久别重逢。"能在这个世间相遇,本就是一种缘分,更何况它们还为我们留下了如此美好的烙印。

我们一直都知道感恩父母、感恩师长、感恩亲朋好友,感恩所有在我们生命中给过我们堂堂正正、明明白白的爱的人。其实每个人的生命中还有一些我们不曾留意过的,甚至是误解了的温柔需要我们去发现,需要我们去感恩。

这个世界一直有人偷偷爱着我们,因为我们不知道,所以我们回报以冷漠、抱怨。

在网上看到过这样一则新闻,海口某地夏天连降暴雨,路面上积水汇成河流让人们难以看清路况。一位老人站在一个没有井盖的下水道前,一手打伞一手拿着一个红色塑料袋。路上的积水已经快要没过老人的膝盖,但老人岿然不动,为过往的行人汽车竖起一道人为的警示牌。

每个人的周围都"潜伏"许许多多这样为我们默默守护的人,他们的出现和离开都无声无痕,大部分甚至不为我们所知。常怀感恩的心,对身边的一切多一些谅解与宽容,相信一切都是美好的,多给它们一些机会,让它们展现自己美好的一面。

相信每一个灵魂都在享受上天的眷顾,每个生命都不曾被辜负。那些偷偷爱着我们的人,正悄然地丰富着我们的人生,那些默默守护我们的人正经历着雨雪风霜。感恩相遇,感恩那些偷偷爱着我们的人。

如果无路可退，那就一直向前冲

1. 有一种能力，是持续不断的努力

马云曾说过："永远不要跟别人比幸运，我从来没想过我比别人幸运，我也许比他们更有毅力，在最困难的时候，他们熬不住了，我可以多熬一秒钟、两秒钟。"

高三时，班里有两位学习成绩同样优秀的同学，一位是男生，另一位是女生。两人从高一开始就一直在同一个班，每次成绩总是相差无几，但是两人的学习习惯却并不相同，简单来说男孩更努力，女孩更聪明。平日里总见男孩在教室里安安静静地写作业，女孩却总是和同学打打闹闹；上课时男孩专心听讲，认真做笔记，女孩则热衷于课上发言，经常和老师探讨一些难题，老师也总是被女孩的天资和才华惊艳到。当高考成绩公布时所有人都震惊了，男生的成绩远远超出了预期，女生则比预期成绩差很多。

努力是一条最靠谱的路，无论做什么，下了功夫或多或少总有收获，而收获的多少是可以通过付出更多的努力去提升的，心学大师王阳明说过："人之气质清浊粹驳，有中人以上，中人以下，其于道有生知安行，学知立行，其下者必须人一己百，人十己千，极其成功则一。"

真正的努力是一种持续性的专注地输出，这样的努力与其说是一种态度，不如说是一种能力更为恰当。曾经看到过一幅这样的画：一个掘井人肩膀扛着铁锹扬长而去，身后是他掘过的一排水井，遗憾的是这些水井都没有掘出水，其中不乏距离地下水仅有一层薄土之隔的"半成品"。其实掘井人挖掘的每个井都可以挖出井水，但是他在掘井过程中并没有这样做，有时候他可能累了，有时候他可能怀疑这个地方没水。不管是什么理由，他都没有熬下去。如果把他所有掘过的深度加起来，他可以掘出两口有水的井，但因为每每中途放弃，最终他一口井也没成功掘好。

曾经有位记者问科比："你是怎样成功的呢？"手里已经有5个总冠军戒指并坐拥一系列荣誉的科比反问这位记者："你知道凌晨四点的洛杉矶是什么样的吗？"记者满脸疑惑地摇摇头，问："您能说说那时候的洛杉矶吗？"科比的回答一如既往地简短："满天星星，寥落的灯光，行人很少。"记者似乎明白了什么，点点头离开了。

对于这位记者而言，"凌晨四点的洛杉矶"也许只是一幅虚幻的存在于脑海里的画面，但对于科比而言，这是20年真实的生活。在科比的20年中他也有过绝望，他受到过全场球迷的嘘声，也曾被队友们质疑，还曾深陷某种丑闻。但是他都不曾放弃，之后，他听到的是全场球迷高呼他为"MVP"（最具价值球员），队友把他当成核心，20 年的坚持也成了一种传奇，激励着那些追梦少年，这些都源自那 20 年的"凌晨四点的洛杉矶"。

持续性的努力是痛苦的，所以我们需要咬着牙坚持下去，所以它是一种难能可贵的能力，但这个过程是唯美的，想想你的过去，最令人难忘的永远是那些努力奋斗中的经历，但是那些经历再痛苦都已经成了过去，现在当你说起那段经历时，心中充满的不再是痛苦，而是一种难以言表的独特情感，对那段经历你总是无限地怀念。

持续努力的魅力正在于此，正处其间的人也许早已不去想成功后会是什么样的，他们早已习惯了这种生活，每天都是充实的，昨天的痛苦到了今天就变了一种回味，一段时间下来，你发现持续性的努力其实并没有那么痛苦，再过几年，你变得足够优秀了，当年的那些经历已经融入了你的血液，成为了你独特的魅力之一，它不断为你的生命注入新的活力。这些经历就像酒，越老越好，而有过这些经历的人越品越醇。

与天资不同的是持续性的努力，这种可贵的能力是可以后天训练出来的，培养这种能力的要点有二，一是专注，二是坚持。对于一件事情，首先你需要的是足够的专注，从事于这件事时你要心无旁骛，不为外界所干扰，能把全部精力投入到这件事上。再者是坚持，这是一个持之以恒的功夫，需要足够的时间去衡量。在这期间任何事情都不能打断你的坚持，这一点说起来容易做起来难。

就拿晨跑来说，你会因为昨晚睡得太晚而缺席，也会因为天气原因而缺席，还会因为当天的一些事务而缺席。总之，坚持不是一件容易的事，但只要你下了足够的决心还是能够做到的，古人说"有志者，事竟成"就是这个道理。

2. 给自己一片没有退路的悬崖

人生是一趟不能回头的旅途，给自己一片没有退路的悬崖才能遇见更美的风景。一旦给自己留下后路，人就会为自己的退缩编织各式各样冠冕堂皇的理由。因为这样，困难来了我们会畏缩，我们会躲避，错过了一次次变得更好的机会，最终与成功无缘。断了退路方能更专注，没有选择才能更执着。

成功学家拿破仑·希尔在他的巨著《思考财富》中提出过一个"过桥抽板"理念，说的就是主动给自己一片没有退路的悬崖，断了自己的退路，这样的人往往能够投入更多的激情，激发出自身所有的潜力，展现出足以惊艳众人也震惊自己的能量。没有那一片无路可退的悬崖，你永远不知道自己有多强大。

一位研究者曾做过这样一个实验：他发给每一位参赛者一张地图，让他们凭着这张地图通过一片森林，所有人同时出发，最后分别记录各个参赛者通过森林所用时间。

遗憾的是最终只有一位参赛者成功穿过了森林，其他几位都在半途看着地图，沿着原路返回了原点。

原来研究者分给所有参赛者的地图都一样，但每张地图上都有四条道路可选，选择哪一条道路来通过森林由参赛者自己决定。因为森林很大，道路又是自己选择的，所以大多数人在按着某条道路走了一半的时候，总怀疑是不是选错了道路，于是他们就返回原地换下一条路，换来换去又觉得这四条道路都不能通过森林，最终都回到了原点。

但那位唯一通过森林的参赛者不一样，他在接到地图的那一刻就选择了一条道路，之后把其余三条扯下撕毁，他按着这一条道路一直往前走，最终顺利通过了森林。

实验结束后研究者告诉每个参赛者，他们手里的地图一模一样，并且四条路都可以通过森林，前提是必须按着某条路坚持走下去……

选择太多往往难以抉择，自断后路方是出路。太多的选择让人眼花缭乱，心智不坚，唯有一以贯之，坚持到底方能走向成功。

一个人若想成就卓越的功绩，就必须狠下心，在关键的时刻断了自己的后路，给自己一片没有退路的悬崖，迫使身处绝境，唯有绝处逢生方能突破自我。立志前行的人，就不能时刻关注身后。集中力量作最后一搏，往往能够化腐朽为神奇。

人最可怕的敌人不是别人，最难的障碍也从不是来自外界，最可怕的敌人是自己，而最难的障碍同样来自自身，关键时刻要敢于向自己挑战，给自己一片没有退路的悬崖，迫使自己不断地向生命的高峰发起挑战。

项羽破釜沉舟是在向自己宣战，他战胜了自己，即使后来面对装备精良、骁勇善战的秦军也毫不畏惧，楚军将士更是以一当十，解了巨鹿之围，在历史上留下了浓墨重彩的一笔。

生活中总有这样那样的挑战摆在你眼前，此时的你总是怀疑自己"我行吗?""万一搞砸了怎么办?"你之所以会这样想是因为你还有退路，对于领导安排下的任务还有推辞的余地，生活中的困难还有别的投机取巧之处，所以你止步不前。

如果你狠下心，这件事情我接了！我能做好，我必须做好！也许你的人生会是另一种精彩。

3. 强者的本事是被逼出来的

强者的本事永远是被逼出来的，绝境之中才能激发出一个人真正的潜能。

国际著名钢琴家郎朗不仅能以优美的旋律让人沉醉，他身上独有的气质也足以让人倾倒，但当别人问起他的成功之道时，他说："兴趣是练出来的！谢谢爸爸，逼我练琴！"原来，郎朗的成功是逼出来的。

郎朗的《千里之行，我的故事》中有这样一段描述："起先，我晚饭后会练琴到七点，后来延续到八点，后来又延续到九点、十点，甚至十一点。公寓楼的墙壁很薄，四周的邻居甚至隔壁门楼的邻居，开始抱怨了！'吵死人了！''你再不停下来，我要打断你的手！'父亲平静地回答：'我会叫警察！别理他们继续练琴！'"

像郎朗一样，所有成功者的背后无不洒满了牺牲的血雨，经历过绝境方能迎来新生，逼迫之下才能真正认识自己。"世上不如意事十之八九"，生活本来就不是一帆风顺，成功也不是随随便便就能获得的，逼迫之下方能见优劣，逼迫之下出强者。

适者生存是自然界亘古不变的规律，所谓的"适者"自然指的是在绝境中能走出来的人，留下来的才能被称之为强者。

原始人从树上下来时，恶劣的环境迫使他去学会走路、捕猎、采摘、取火，这才有了人类文明。

刚入职场的小韵说话很少，英语停留在单词背诵的水平。公司要求每个人要用英语定期发言，声音要大到每个人都能清楚地听到。迫于这样的压力，小韵开始自学英语，下班后，她看美剧、听网课，状态像一个将要参加高考的中学生。

发言的内容不够精彩就读书，强迫自己每周读完一本书，渐渐地她变了，可以说是蜕变。此时站起来以优雅的动作、流利的英语、清晰的逻辑为大家做工作总结的就是当年那个说话很少，声音很小，英语停留在单词背诵水平的小韵。

小韵的成长至少一半是因为公司的要求。她明白，如果不这样做就会出局，当她一步步开始做的时候，她发现原来自己的实力远远超乎所有人的想象。

一本名为《成功是逼出来的》书中这样写道："人的每一步都是生活所逼、环境所逼、亲情所逼、工作所逼、社会所逼、自己所逼、时间所逼、空间所逼……种种无奈，层层施压，一步一步地要求你不得不努力拼搏，勇往向前。"是的，我们成长中收获的一切能力，都是被一步步逼出来的，强者所拥有的本事也是这样被逼出来的，只不过他们的境遇更为坎坷，更为绝望，所以他们才被称之为强者。

"天下事有所激有所逼而成者居其半。"这是曾国藩写给家里人的话。翻开典籍，多少经典都是被逼出来的。王羲之的《兰亭集序》是在一群文人雅客的流觞曲水中被逼出来的，曹植的"本是同根生，相煎何太急"是被曹丕逼出来的，王勃的《滕王阁序》更是被一句一句地逼出来。

你之所以还没走向成功，是因为你的现状还没有把你逼上绝路，你还有喘息的余地，就像一只被放在冷水中的青蛙，它不会因为水温的默默升高而恐慌，它觉得水温虽然变了，但还是可以接受。逐渐地，它适应了水温的变化，直到多了一道"青蛙汤"。相反，如果把一只青蛙丢进一盆沸水中，它一定会去第一时间跳出去，因为它感受到了绝望，滚烫的热水使它难以忍受，令它痛苦。

人也是这样，面临绝境才会寻求突破。只有真切地感受到了恐慌与绝望，才会拼尽全力去寻求脱困之法，无形中你的潜能被尽数激发，让你变成了一位强者。

强者的能力是被逼出来的，能把人逼成强者的一定是一种正面的、优秀的氛围。所以，圈子很重要，在优秀的圈子里，人受到的是正面逼迫，迫于压力你不得不努力，不得不优秀，这样你始终走在一条前进的道路上，最终你会来到那个期盼已久的世界。

4. 安于现状，早晚会给舒适感吞没

你舒适感的终结处，就是你人生的开始。逼着自己离开舒适区，你才能快速成长。

毕业时大宇和大瑞都是"大胖子"，大宇身高一米九，大瑞身高一米八八，两人体重都是二百斤往上，最为要命的是俩人都有大大的肚子。毕业时大宇发誓要边工作边减肥，"不变男神誓不休"，同学们都取笑他。

毕业后近两年，在北京的同学决定小聚一下，聚会上见到了大宇。

现在的大宇脸上棱角分明，腹部的赘肉一去无踪，整个人看起来精神帅气多了。酒过三巡，大宇讲起了他的减肥经历。那时候刚毕业，因为是北京人所以回家后立马报了健身房，边找工作边减肥，白天顶着大太阳到处面试，晚上还不忘去健身房，锻炼完回家的路上烧烤摊飘来的香味勾得人直流口水，满身大汗的他想来一杯冰镇啤酒，最终还是忍住了。

听到大宇这样讲，酒喝得有点上头的大瑞瘫坐在椅子上，肚子把衣服撑得紧紧的，说："那么累干吗，别把自己搞得那么难受！"大宇意味深长地看了看大瑞，默默叹了一口气。不难受怎么会变瘦，想变得更好哪有那么容易。

每个人都有一块属于自己的领地，这块所谓的领地并非单纯的地域范围，而是一种状态。这就是所谓的"舒适区"。在这片区域中你是安全的，你过着随心所欲的生活。大瑞选择的就是待在他的领地，而大宇则选择了走出这片"舒适区"。

的确，面对留在自己的领地还是离开这片"舒适区"，每个人都有选择的自由，但没有经过奋斗便一味追求安稳，追求舒适，是一种对生命的浪费。停在港湾里的船是安全的，但它失去了生而为船的意义，是船就应该在汪洋大海中乘风破浪。

一家大型商场在招业务员，待遇很好却一直招不到，而同时招人的服装厂却很容易就招到了员工。商场老板去问服装厂的厂长这是为什么，厂长说："做你们那一行压力太大，我们这边每天按部就班，没啥压力，人们肯定都愿意做我们这个。"

人就是这样总喜欢趋利避害，害怕挑战，害怕接受新鲜事物，害怕去改变，总而言之，人们更喜欢待在"舒适区"，但舒适区会让人变得麻木而丧失斗志，唯有不断地跳出一个个"舒适区"，一路披荆斩棘，方能走进更广阔的世界，在那里你才能遇见更好的自己。

在心理学上，舒适区外面有个延展区，延展区外面还有个恐慌区。在舒适区中我们得心应手，因为这里的一切都是我们所熟悉的，舒适区外围的延展区就没那样舒适了，这里面有各种各样新鲜的事物，这是个我们没有涉足过的区域，在外面的恐慌区则会让人感到恐惧。

从最内侧的舒适区到最外侧的恐慌区会使我们感到不适，但这是一个进步的过程。就好比把一条鱼放到一个新的湖泊里，最开始它仅会在放生的附近游荡，渐渐地它越游越远，最终整个湖泊都成了它的天下。要想前进必须走出舒适区，甚至步入恐慌区。

从舒适到恐慌，我们的焦虑程度会随之增加，这是很正常的现象，这样适度的焦虑会让我们变得更好。在这样的焦虑下，对于工作我们会更加投入，我们变得越来越好。

走出舒适区也并非一蹴而就，这是一个循序渐进的过程，在走出去之前你先要明白什么是你的舒适区，这时候要反省自己，需要站在一个相对客观的角度对自己进行深刻剖析，找到那些你平日里回避的东西，比如在公众场合讲话，比如独自外出，必须把这些一一揪出来。

接下来你需要做的就是改变，针对那些习惯于回避的东西一点一点地去改变它，这个过程可以从很细微的角度入手，但必须去做，并且不能停止，因为此时一旦停止你便陷入了另一个舒适区。

在做出改变的同时你可以选择给自己一个挑战，比如会议上主动地去发言，表达自己的想法；比如完成一次一个人的旅行。这样你每天活在改变与挑战中，进步便会悄然到来，也许那趟一个人的旅程归来时身边的人因为你的改变而震惊。

生活的长河奔流不息，如果还安于现状，迷醉于眼前的舒适感，大风大浪来临之际，你就会被无情地吞没。

5. 不自我设限，人生就不受限

一个人最难挣脱的枷锁来自自身，不自我设限，你的人生就没有限制，所到之处冰消雪融，春暖花开。

人的大部分能力是可以通过后天的努力训练提升的，很多事情你没有做好不是因为你做不好，只是还没找到更好的方法，但如果从此就认为"我不适合""没天分"，这样就无形中给自己设下了一定的限制。这样的限制一旦设下就很难去打破，从此你会在这个领域止步不前，甚至会完全退出这个领域。

一位同事非常喜欢吃鱼，但不会做，说自己笨学不会，老家是西北的，也许根本没有做鱼的基因。

这时我突然意识到，很多人不正是因为总抱着"我是个什么人，所以学不会""我这个人啊比较怎样，不适合"之类的心态去对待一些事的吗？上学时男生总觉得男孩子英语学不好是可以理解的，工作后女生总想着女生为什么非要懂电脑，会一般操作不就行了？事实上，对于一门语言而言，男女的学习能力是相差无几的，而女生只要愿意去学照样可以精通计算机。

这个世上由此可以分两种人，一种人就如前面所说，遇到未知的事情总会自觉或不自觉地自我设限，另一种是喜欢打破自我限制，敢于挑战的人，那些最终有所成就的人大都属于后者。每个人生来就拥有无限的可能，歌德曾说过："不管你能做什么或者梦想能做什么，开始去做吧。胆识将赋予你天赋、能力和神奇的力量。现在就着手去做。"突破自我才能成就自我。

一个音乐系的学生有幸拜入一位大师门下，授课第一天大师拿给学生一份乐谱。学生看着手里的乐谱，心中叫苦连篇，"这谱子也太难了吧！""这是要让我练习吗？""这么难我根本弹不来呀！""这一定是大师给我的下马威。"

大师的要求很简单——拿去好好练。学生无可奈何，只能拿回去苦练。为了在大师心中留下好印象，他拼命练，一周后基本已经纯熟，正想着如何让大师指点一下，谁知这时大师带来一份更难的谱子，留下的还是那句话——拿去好好练。

学生只得再次面对困难的新谱子，练熟这份谱子他又用了一周，这时大师又一次拿出更难的谱子，学生唯有接着练习。这样的情形持续了两个月，大师的谱子仿佛无穷无尽，学生每周都被越来越难的谱子"折磨"，他实在难以忍受，跑去问大师为什么要这样做。

大师没有多说，拿出一份谱子让他现场弹奏，学生接过手后发现谱子是第一次见面时大师给的那份，学生满是疑惑，但还是弹了。当开始弹奏的时候他终于懂得了大师真正的用意，第一次让他叫苦连篇的谱子现在弹起来是那么的顺畅，那么的纯熟，自己都难以相信自己能达到这样的水准。

　　回想起被谱子"折磨"的两个月，学生真切地感受到，在这场挑战中他提升的不仅仅是音乐水平，更重要的是他逐渐突破了那层当初为自己设下的无形障碍。

　　生活中也是这样，很多时候我们不敢去追求，害怕去尝试，那是因为在此之前我们的潜意识里，已经给自己定下了一个高度，并时常暗示自己这个高度是难以逾越的。久而久之，我们从"不敢""害怕"变成了"不再"，我们不再去追求，不再去尝试，我们认为那样做是徒劳的。

　　马戏团里用来拴大象的只有很普通的一根绳子，这根绳子大象轻而易举就可以扯断，但它没有那样做，它也不会那样做，这是因为大象年幼时便被这根绳子拴着，每当它想挣脱，绳子便越勒越紧，让它非常痛苦。

　　久而久之，这根绳子便成了它给自己套上的枷锁，成年后本可以轻易扯断获得自由的，但潜意识里它告诉自己："扯不断的，那样做只会带来痛苦。"

　　人生旅途中那些自我限制就像拴大象的绳了，本可以轻易挣脱但我们却选择了逃避。美国总统罗斯福说："没有你的同意，没有人让你觉得你低人一等。"一个人能走多远，能飞多高只能由自己决定，你的天地只属于你，在这片天地中你说了算。

6. 不要怀疑自己的能力

　　村上春树说："那时我们坚定地相信某种东西，拥有能坚定相信某种东西的自我。这样的信念绝不会毫无意义地烟消云散。"就像那时的她，从来没有怀疑自己的能力。

许久都没有她的消息，最近听说她通过了教师招聘考试，当上了重点中学的老师。我很震惊她竟然能做老师，一个小时候说话都口齿不清的女孩竟然做了老师？

那时候她是全班的笑料，就因为她的口齿不清，为此男同学还经常捉弄她。

本着好奇的心我翻了翻她的朋友圈，我看到了她的一句动态："怀疑带来的只有扼杀，相信自己便可以化腐朽为神奇！"

继续翻她的朋友圈，我看到了她的大学生活，在各个大会做志愿者，参加辩论赛、演讲比赛……终于我明白了她为什么能做老师，原来她从没怀疑过自己，永远相信自己总有一天能做好。

是的，怀疑带来的只有扼杀，相信自己便可以化腐朽为神奇！信心的力量如此强大，它足以改变眼前的一切，成就令人难以想象的结局。先哲之所以伟大，是因为他们相信自己，蔑视教条，所以他们能继往开来，万世流芳。而当时的他们所做的只是坚持相信自己。

其实，无论做什么，都应该相信自己，这是成事的前提，只有相信自己，内心本着一种坚定的信念，周身散发出的坚毅气质才能感染别人，别人才会义无反顾地去信任你。不是有这样一句话吗？"相信你自己的思想，相信你内心深处所确认的东西，众人也会承认——这就是天才。"

羽毛球比赛中有这样一项规则，叫"鹰眼挑战"，它指的是当运动员对裁判的判决不满意时可以申请挑战即时回放系统"鹰眼"，进而改变裁判的判决。2014 年"尤汤杯"的四分之一决赛中，中国队对阵泰国队。比赛异常焦灼，第二场比赛中中国球员的一次抽拍档被裁判认定出界，中国队不满意这次判决，申请挑战"鹰眼"，最终挑战成功。自此中国队士气大盛，拿下比赛迎来了 2：0 的大好开局。

其实好多事情是可以凭借个人的努力去改变的，每个人都拥有无穷大的潜力，相信自己能做到，往往就能做到，这就是信心的力量。人的心灵分为意识和潜意识两部分，意识负责发号施令，潜意识则负责具体操作，所以当意识足够坚定时，潜意识就可以想尽一切办法去完成；反之，当意识唯唯诺诺时，潜意识也不会毅然决然地去执行。

成长的路上必然会有失败，无论我们遭遇到了什么，都不要怀疑自己的能力，更不要与过去的失败计较。成长路上的失败不是为了让我们怀疑，而是为了使我们坚定，在一次次的失败中我们收获的是越来越坚定的信念。

我们要放下计较的情绪与时间，相信自己，就一定能将事情做得更好。生命太短，没时间留给遗憾；若不是终点，请保持自信，微笑向前。

有个年轻人，他梦想做一位杰出的赛车手，为实现这个梦想他付出了许多努力，终于他有了参加专业比赛的资格。比赛进行到一半时他位列第三，可谓形势一片大好，但接下来的比赛中排名前二的两辆赛车发生碰撞，顿时他的车燃起熊熊大火，所幸他被救出，但烧伤十分严重，医生说今后他不能再开车了。

但他不肯放弃，为了回到赛场他接受了植皮手术，又接受了更加严格的训练，九个月后他重回赛场并拿下第二的好成绩，又过了两个月，在另一场大赛中他拿到了冠军。

他就是美国传奇赛车手吉米·哈里波斯。这是他第一次以冠军的身份站在众人面前，当记者问他凭借着什么从惨痛中走出来时，他写下了一句话："把失败写在背面，我相信自己一定能成功！"

怀疑就像一层乌云，它笼罩了太阳的光和热，带给我们的只有阴暗和寒冷，唯有相信自己，内心保持晴朗，我们的世界才能一片生机盎然。

有一首歌叫《相信自己》，里面有这样一句歌词："人生最大的信念就是相信自己。"在人生的旅途中，相信自己是我们最大的财富。不要怀疑自己，无论我们经历了什么，无论发生了什么，那些苦难不会因为我们的怀疑而消失，反而在怀疑中它们会变本加厉。我们唯有相信自己，才能活出更精彩的自己。

7. 想变得优秀，就必须接受挑战

一个人想要变得优秀就必须接受挑战，一个人想要尽快优秀就必须主动寻找挑战。正如雪莱所说："如果你过分珍爱自己的羽毛，不使它受一点损伤，那么你将失去两只翅膀，永远不再能够凌空飞翔。"

人生处处是挑战，敢于去接受挑战，经受得起挑战的人才能够领悟人生的真谛，才能够实现自我的无限超越，才能够创造卓越的价值，成就非凡的人生。

前辈辞职时对她说，你要想提升自己就不能一直在品质部，应该去技术部。

　　的确，那时她在品质部刚刚小有成就，正处于春风得意之时，她也明白想进步必须去技术部。她的内心深处十分渴望进步，但技术部她真的是一窍不通，始终不敢向上级提出调任技术部的请求。

　　前辈的一番话戳中了她的心坎，她决定挑战一番，不成功便成仁，大不了辞职重新开始。

　　那段时间正好技术部人手不够，上级马上批准了她的请求。来到技术部后她一切重新开始，面临层层阻碍，一度后悔调离品质部。那段时间她想："我一个女孩子放着品质部轻松的工作不做来技术部找什么虐，前辈害我不浅啊！"

　　想归想，但是工作时还是非常努力，渐渐地她在技术部越来越顺手，当初那些消极的想法一扫而空，她感谢前辈说出了她不敢说的话，也非常感谢自己当初放手一搏的勇气。

　　紧接着她担任了技术部的主任，那时她才知道公司的副总都是从技术部主任升上去的。后来在危急时刻凭借品质部和技术部的双重经验她成功化解了公司的危机，成为下一任副总的热门候选人。

　　现在已经是副总的她回想起当初挑战技术部工作的经历，真是感慨万千，如果没有当初挑战一番的勇气，或许现在的她也和前辈一样，因升迁无望而辞职。

　　优秀的人就是这样，他们都有着类似的品性，面对挑战，他们看到的更多的是机遇。历史上最成功的篮球运动员乔丹也曾说过："我从不害怕挑战，也从不怕走出新的一步，如果我败了，我会爬起来重新开始。"

　　鸟巢中两只小鸟在等鸟妈妈觅食回来，许久都不见鸟妈妈归来，两只小鸟饿得直叫，无奈之下鸟哥哥便决定尝试飞出鸟巢去觅食。鸟弟弟坚决不同意哥哥这样做，它认为哥俩的翅膀都不够硬，羽毛都不够丰满，冒然飞出巢会摔下去被其他动物吃掉。

但哥哥说："没试过怎么知道！"在几次尝试后，鸟哥哥成功飞出鸟巢，并在外面找到了食物。当它带着吃的回来时发现鸟巢中不见了弟弟的踪影，原来在哥哥外出时一条蛇侵入鸟巢，把鸟弟弟吃掉了，那时候鸟弟弟非常想飞走，但它错过了学习飞翔的时机，只能被蛇吃掉。

想要成长就必须去迎接挑战，挑战总是与失败相伴，也许我们所畏惧的就在于此。学习飞翔必然伴随着摔伤，但是没有摔伤哪能学会飞翔，因为与挑战相伴的不仅仅是失败，还有成功。纵然败得一塌糊涂，头破血流，但那仍是一种成长，在挑战面前没有输家，即便失败了还可以收获人生。

有时候挑战的确可以用来享受，在挑战中我们享受热血沸腾的感觉，享受对手惺惺相惜的情谊，享受进步的欢畅，当然也享受面对失败的豁达。挑战的最大魅力正在于此，在挑战中我们享受成长。

记得那时候刚刚毕业，孤身一人来到北京，举目无亲，一切只能靠自己。从下火车那一刻开始，我的生活就处处是挑战。

在一个从来没有到过的城市，一个人找落脚的宾馆，一个人找路去面试，没有一点经验地去面对面试官，这些都是挑战。在这些挑战中有过太多的失败，租房子遇到过黑心中介，面试遇到过严苛的面试官，甚至还有过迷路……但那段时光是最充实的，在那段时光里我飞快地成长。

人生仿佛一本书，书中有无数个故事，每个故事都有相似的主题——挑战，儿时为了学会走路我们不断摔倒，直到可以健步如飞；学生时代我们的桌子上刻着"宝剑锋从磨砺出，梅花香自苦寒来"；后来工作了，挑战更是数不胜数，第一次面试、第一次发言、第一次独当一面……人生这本书正是因为这些挑战而格外精彩，如果为这本书起个名字我会叫它"成长"。

8. 你现在不改变，未来也许只能给别人点赞

一个人只有经过无数次改变，才会变得更加优秀！歌德说："最好不是在夕阳西下的时候幻想什么，而是在旭日初生的时候立即投入行动。"改变要从现在开始！

她的改变是从30岁开始的，那时候她在下班途中偶然看见一则英语培训班的广告，广告很有意思："一个人想从一个门外汉变成某一领域的专家需要10000个小时，如果每天投入5个小时的话大概需要7年。"广告使她回忆起过去的7年，结婚、生子、工作，然后生活好似停滞了一般，如同一潭死水。

此时，强烈地改变欲望涌入心头。她想去改变，但想起已经30岁，上有父母需要照顾，下有5岁的儿子需要抚养，"改变"这个想法看起来是多么不切实际。

她不甘这样终老，她要改变，即便每天只能投入一个小时她也要尝试着去改变。第二天，她毫不犹豫地报了英语培训班。

现在40岁的她拥有人事部二级口译证书，口译功夫出神入化，经常天南海北地出席各种会议。现在她在一个英语培训机

构为我们讲她的这些亲身经历，她说："十年可以改变很多，只要你愿意，改变就从现在开始吧！"

人的一生真的很短，稍不留神时间和机遇就从指间流过，与其把时间浪费在终日抱怨和犹豫不决上，不如从现在开始，着手去改变一些东西，摸索中向前走也是前进。很多人总以"我很想去改变，但是……"来粉饰自己的安于现状和犹豫不决。改变从来都不是在准备充分的时候去做的，所谓的准备很大程度上只是在拖延，想要改变去做就是了，没什么可犹豫的。

如果你心中还有渴望，还有梦想，但你被眼前的一些因素所困扰，不要犹豫，去改变吧。人最大的悲哀就是想做却没去做。梦想往往就是这样被一步步蚕食的。每个人都有难以割舍的过去，也会为眼前而困扰，但这都不能阻止你去改变，改变虽然不舒服，但并不困难，从小事开始，改变就会发生，坚持下去，一步步扩大，你会变成你所期待的样子。

小老鼠"嗅嗅"和"匆匆"住在一座迷宫里，同住在这里的还有两个小矮人"哼哼"和"唧唧"，他们之所以住在迷宫里是为了找奶酪。

一天，他们同时发现了一个储量丰富的奶酪仓库，于是他们便在奶酪库的周围开始活动。不知过了多久，突然奶酪不见了，面对这个突如其来的危机他们表现出了不同的心态。"嗅嗅"和"匆匆"立马作出调整，穿上挂在脖子上的鞋子，开始了新的寻找奶酪的旅途。而"哼哼"和"唧唧"却始终无法接受眼前的现实，看到决定出走的"嗅嗅"和"匆匆"，他们犹豫不决，烦恼丛生。"唧唧"经过一番挣扎也上路了，留下的只有"哼哼"。

　　后来凡是出走去寻找奶酪的都找到了更丰富的奶酪，而留下来的"哼哼"仍在郁郁寡欢。

　　这个故事来自美国的畅销书《谁动了我的奶酪》。对我们而言，心中那份渴望不就是那块奶酪吗？我们曾经实实在在地拥有它，直到有一天，突然发现不见了它的踪影。面对这样的情况，我们作出了不同的选择，有的人立马作出调整，重新去追寻；有的人经过反复思索也踏上了寻找旅途；还有一种人为过去和眼前而困扰，最终惶惶不可终日。

　　后来我们发现，凡是那些作出改变的，都变了一副模样。他们变得更加优秀，他们的生活有了天翻地覆的改变，而那些犹豫不决的，后来渐渐不再犹豫，他们习惯了眼前的一切，他们的生活从此没有了生机。

　　面对改变，我们应当有的态度是"必须"而不是"应该"。"应该"意味着还有商量的余地，它不如"必须"那样强迫、那样迫不及待，"必须"就像一道命令，不能商量不能通融，要马上去执行，改变就是要这样，可以小但不可停。王家卫的《一代宗师》中有这样一句台词："宁思一时进，莫思一刻停。"改变的关键是"马上"，而"停"却是改变最大的天敌。

　　改变对一个人是何等重要，多少改变的背后都潜藏着无限的机会，它可以把我们带入另一片天地，拖延和犹豫往往使我们错过这一切。也许你觉得自己更适合短发，但没有勇气去剪；也许你觉得自己不适合眼前的职业，但没有勇气去辞职；也许你觉得现在的生活不是你想要的，但没有勇气去改变。

　　想要改变，现在就去吧。其实，改变没有你想象的那么难。

9. 人生需要冒险，不断试错才能成长

杨澜说："年轻时最大的财富，不是你的青春，不是你的美貌，也不是你充沛的精力。而是你有犯错的机会。如果你年轻的时候都不能随着自己心里的那种强烈愿望去为自己认为该干的事冒一次险，哪怕犯一次错误的话，那青春多么苍白啊！"

刘敏创业 3 年，关掉了 6 家店，现在他拥有 11 家直营店，卖煎饼年入 2500 万元。

刘敏的第一家店选在铂金城，因为他要做高端煎饼，定位精英人士，但开店后发现铂金城的人流量远没有宣传的那样高，煎饼的销量更是难以养活店面，第一家店就这样关了。

第二、第三家店刘敏选择开在学校门口，其实这两家店的生意很好，刘敏的煎饼受到了学生的追捧，但后来刘敏还是决定关掉这两家店。因为他认为这和当初的定位标准不一，而且学校处于四、五线的小城市，存在着发展的瓶颈。

后来的第四家、第六家店，分别因为与合伙人出现分歧和定位不准也都关掉了，第六家店更是仅仅开了三个月。

刘敏的成功是在经历了一系列店面关门后，决定升级第五个店而形成的。他的第五家店完成了食材和产品的升级，调高了煎饼的价格，并打造出"煎饼道"品牌，开始走连锁店模式。

可以说，刘敏的煎饼神话就诞生在这一次次的关店中，关店就是在试错，试出了错误才知道前进的方向。经历了这么多的刘敏总结道："未来，试错依然会继续，但只要可以将错误

转化为下一个起点的经验，对于企业发展只会有利，不会有害。毕竟试错就像误差，只能减小，不能消灭。"

年轻时别怕冒险，即便是犯错了，我们也有足够的时间去扭转，扭转时我们收获的便是成长。财经类图书作家吴晓波在《腾讯传》中说过：互联网产品，没有一个是完美无瑕疵的，无论是当年的 QQ 还是现在的微信，只有不断改进微小的错误，快速地更新迭代，才能让产品不断趋近完美。十几年来 QQ 经历了 300 多次的升级更新，微信出现才几年也历经了 N 个版本。

一个公司赖以生存的产品尚且如此，更何况一个刚刚开始经营一生的年轻人。毕竟人生中有些东西是无法从别的地方学来的，唯有亲身体验，尝尽其中的酸甜苦辣，在切实地感受过后，心有所感，才能真正心领神会地领悟个中微妙。而亲身体验就少不了犯错。

万科集团的创始人王石曾有过这样一段精彩的演讲："我从 1983 年到深圳至今，实际上更多是不断试错的过程。""什么叫常胜将军？常胜将军就是不断地试错，最后胜占 51%，败占 49%。显然，常胜将军是没有的，但要求败不能比胜多。我们通常都是事后以成败论英雄，所以实际上你应该更多地看过程。"

试错的过程如此重要，试错才能成长，但试错和犯错都只是一种方法，并非目的，我们做这些的目的是在错误中寻求前进的道路。

正确的试错也并非一味地尝试和改变，它也有一定的方法可言。

试错首先要有勇气去尝试。以前我最怕的是当众发言，自认为普通话口音严重，逻辑不清晰，并且存在一定的表达障碍。后来迫于工作需求，我不得不去试着当着众多的人去说话。后来，我发现自己真正的不足在于不够自信，明确了这一点我不再为其他的因素而困扰，渐渐地，当众表达的能力有了很好的提升。

其次，要权衡好坚持和放弃的关系。试错是为了找到错误并及时更正它，在这里"及时"至关重要，这意味着我们既不能顽固地坚守，也不能轻易地放弃。试错时要坚信我们的方法是正确的，并且要付出一定的时间和精力，这时需要我们有足够的耐心，等到明确意识到它的错误时，必须毫不犹豫地马上放弃。

最后要注意的是即便是"错"也不能全盘否定。我们试错一方面是寻求正确的解决方法，另一方面是在错误中总结经验，而这两者并非毫无关系，事实上这两者往往是一种"你中有我，我中有你"的关系，正确的方法中或许埋藏着一定的危险，而错误的方法中也许有我们未曾注意的可取之处。

从试错到发现并解决问题，再到达到目的，最终会获得一定的成就感。而成就感又可以减少人对未知事物的恐惧，从而进行新一轮的试错，新一轮的开拓，这是一个良性循环。

这个良性循环的开始就是试错。

10. 时间会证明，你与命运抗争的样子很美

当命运递给我一个酸的柠檬时，我们应设法把它制成甜的柠檬汁。

　　中央人民广播电台盲人播音员董丽娜在《我是演说家》中以精彩的演说惊艳了世人。她主题为《别把梦想逼上绝路》的演说中有这样一段："命运虽然给了我一双看不见明天的眼睛，但它并没有给我一个看不见明天的未来。我可以接受命运的特殊安排，但是绝不能接受自己还没奋斗过就过早地被判刑。"

　　在命运面前，董丽娜始终在抗争，她与命运抗争的样子真的很美。

　　董丽娜刚出生便患有先天性弱视，第二年便彻底失明，这意味着从此她的人生将和别人不一样。不到 10 岁她就被送到了盲校，在这里，老师教授的重点是推拿，毕业后做一名推拿师是他们后半生赖以生存的技能。

　　2006 年，一次偶然的机会她得知北京一家公益机构可以帮助盲人学习播音主持，于是她便辞掉工作，只身坐上了从大连开往北京的火车。她在演说中这样说："这是我第一次一个人离家，而且面对的是一个充满未知的未来，但我还是毫不犹豫地独自前往了。"

　　在播音课上她被老师的声音所吸引，第一次感受到声音的魅力，从此便爱上了播音，她开始没日没夜地练习。

　　后来她参加了中央人民广播电台"夏青杯"播音主持大赛，并获得了二等奖，值得注意的是她是比赛中唯一的盲人选手。

　　赛后，作为评委之一的敬一丹打电话邀请她到中央人民广播电台，从此她走进了所有播音人心目中的殿堂。

　　命运并不是一部剧本，你的人生必须按照剧情的设置按部就班地去完成，命运更像是一张纸，所有人生来都是一片空白，如何利用这张纸是由你自己决定的。生命本就充满着无限的可能。《阿甘正传》中的一句台词说得很好："生活就像一盒巧克力，你永远不知道下一个拿到的会是什么样的。"生活就是这样，充满无限的未知，正因为这样才要去努力，努力就能创造精彩。

我们承认每个人的命运是不一样的，但在努力面前，每个人拥有同样的机会。500多年前，心学大师王阳明就说过："人之气质清浊粹驳，有中人以上、中人以下，其于道有生知安行、学知利行，其下者必须人一己百、人十己千，及其成功则一。"这是说每个人的天赋固然不同，因此付出的努力也不尽相同，但最后能获得一样的成功。

我们都曾为演讲家尼克·胡哲的奇迹而震撼，原来命运在强者面前不过是一道门槛，迈过去便是登堂入室，而强者从没想过迈不过去。

尼克出生时便没有双脚和双手，刚出生时，面对如此怪异的孩子，尼克的父母都难以接受。到了入学的年龄，父母选择把他送到普通小学，而不是残障儿童的专属学校。第一次失去父母的庇护，幼小的尼克受到了难以想象的心灵创伤。

尼克也曾想过放弃生命，直到13岁那年母亲给他看了一篇报道。报道讲了一个残疾人逐渐走出困境并逐一实现了自己的梦想，甚至还帮助了很多人的故事。尼克为这位残疾人所打动，报道中那句"上帝把我们生成这样，就是为了给别人希望"的话深深地打动了他，也彻底改变了他对待生活的态度。

尼克从挑战生活自理开始，慢慢发展到参加运动，甚至竞选学生会主席，并获得成功。19岁时尼克开始去追求自己的梦想，他要充满激情地向别人讲述他的故事，以此给更多人带来希望。

现在他已经实现了当初的梦想，年仅 30 岁的他走遍了世界各地，出版了三本自传，他的演讲激励了上百万的人。

在命运面前，公平与否还在其次，最为重要的永远是心态。心平气和地去赴命运之约，凭着一份坚定去迎接眼前和未来的一切，在烈火中淬炼自己。心怀这样的心态去和命运抗争，命运会因你的抗争而改变。

网上流传着这样一句话："命运有一半在你手里，另一半在上帝的手里。你的努力越超常，你手里掌握的那一半就越庞大，你获得的就越丰硕。在你彻底绝望的时候，别忘了自己拥有一半的命运；在你得意忘形的时候，别忘了上帝手里还有一半的命运。你一生的努力就是：用你自己的一半去获取上帝手中的一半。这就是人一生的命运。"

既然命运有一半掌握在我们的手里，我们就不能轻易放弃它，我们要让二分之一的它焕发出百分之百的光彩。

告别弱小，内心强大的秘密

1. 内心强大源于对自己的坚持

一个内心真正强大的人会坚持自己，有独立的价值观，看待这个世界时，用的是和别人不一样的眼光，并且能一以贯之地去坚持。

一个穷困潦倒的美国青年想做电影明星，并且他毫不怀疑目标能否实现，即便是身边的亲朋好友都质疑他、取笑他。即便是所有的钱加起来都不够买一身西服，但是那又如何？燕雀安知鸿鹄之志？

那时候好莱坞有 500 家公司，青年把这些公司一一写出来，并排好顺序，然后就带着为自己量身订做的剧本去面试，结果 500 家公司没有一家愿意接受他。

青年接下来的举动让人大为震惊，他按着刚才的顺序，又重新挨着到这 500 家公司面试，但结果并没有任何改变。

　　这时青年受到了周围所有人的冷嘲热讽，包括至亲。家里人埋怨他不务正业，不能踏踏实实找一份工作养活自己。朋友笑他做白日梦，认不清自己。就连面试的电影公司，面对它的再三造访也失去了耐心，冷眼相待。

　　他仍然不放弃，又进行了第三轮、第四轮的尝试，直到有一家公司的老板决定看一看他的剧本。

　　等待数天后青年被该公司请去详谈，双方经过漫长的交谈后，电影公司终于决定投资这部电影，并要求这位青年担任剧中的男主角。

　　电影上映后，获得了极大的成功，这部电影就是《洛奇》。而那位被拒绝1000余次的美国青年就是美国著名的电影明星、导演、制片人——西尔威斯特·史泰龙。

　　独立的价值观就像一个信仰，当带着这样的价值观处世时，它就像一盏灯，为那些拥有它的人照亮一条与众不同的路。因此这些人总被我们看作疯子、异类，但他们并不会因为这些非议而改变。周国平说："被人理解是幸运的，但不被理解未必不幸。一个把自己的价值完全寄托于他人理解上面的人往往并无价值。"这正是他们的强大之处，也是他们的价值所在，卓越永远和孤独相伴。

　　真正独立的价值观，并非纯粹地自我凭空创造，坚持自我也并非完全与外界隔绝。而是让自己彻底置身于这个世界中，与这个世界深入地交流，与它探讨、辩论、共鸣。在经过这一系列的过程之后，形成了自己看世界的独特眼光，这就是所谓的独立价值观。

　　拥有独立价值观的人，之所以内心强大，并不是因为他对外界的全盘否定，以一种孤傲的姿态，冷眼旁观这个世界。相反他们可以大度地去接受这个世界的一切，在拥抱世界的同时，能坚守自己内心的一片纯净不被污染。

封建王朝的官场总是黑暗腐败的，但也会出现一些清正廉洁的官吏。一代廉吏于成龙去世的时候，人们打开他的木箱，发现里面仅一套官服，康熙皇帝亲手为他撰写碑文，并追谥"清瑞"。

于成龙一生清廉，即便官拜两江总督，也不改艰苦的生活作风。在江南总督任上，"日食粗粝一盂，粥糜一匙，侑以青菜，终年不知肉味"，因此江南百姓亲切地称他为"于青菜"。他宦海浮沉20余年，四处为官，但也只是孤身一人，从不带家眷。与结发妻子阔别20年后才得一见，他的清廉在当时便已经享誉官场。

封建王朝的官场就像个大染缸，人们常说"升官发财"。在大众眼里"官"和"财"有着极其密切的关系，有了这层关系，官场的风气便不言而喻。任凭你当初多么洁身自好，一朝登第，入了官场便身不由己。

于成龙有一颗强大的心，这使他身在官场，却不染官场的那些坏习气，真正做到了"出淤泥而不染"。

究竟什么才是真正的内心强大？

首先是能坚持自我，一个人如果必须通过外界的评价来证明自己，这只能说明内心不够强大。不依赖外界对自己的评判，自己就能证明自己的时候，内心才是真正的强大无比。

其次内心强大的人往往能出淤泥而不染，在这里"出淤泥"和"不染"同样重要。前者是一个过程，也是一种考验；

后者是一种结果，也是一个评价的标准。如果没有"出淤泥"的经历，纵然洁白无瑕也算不上内心强大，同样如果"出淤泥"后，身上沾满污泥也算不上内心强大。

内心的强大不是因为外在的一切，内心的强大只是因为内心，但是内心的强大需要外界来淬炼、检验。

2. 不断刷存在感，会让你变得更强大吗

在大千世界中，每个人都显得那样的渺小，但年轻的我们对眼前的渺小充满不甘。我们渴望被关注，渴望被认可。我们认为自己拥有无限的潜力，于是拼尽全力去展示，不放过任何机会。

我们无时无刻不在刷存在感，但那样只会显得我们更卑微。

学生时代，每逢名师讲座必会座无虚席。讲座结束后，名师往往会给在座同学提问的机会，这时总少不了那些刷存在感的同学。

这些同学争先恐后地抢提问的机会，抢到手后便会好好构思一番，然后将 1 分钟的提问拖延成 5 分钟。在这 5 分钟里，有一大半的时间用来引经据典，剩下的一小部分时间想问什么，含含糊糊说不清。也许他站起来只是为了在名师面前、在满座师生面前刷一波存在感。

他的目的就是向名师挑战。"虽然你名满天下，但是我不怕你。""听说你很牛？我看这个问题你就未必能很好地回答。""让你知道我们这里也是卧虎藏龙！"或者就是向在座的师生证

明自己很优秀，学识渊博，只是你们没发现。

后来我发现，这样的人一般都是校园里的无名之辈。他们成绩不突出，也不会活跃在校园活动中。每逢名师讲座都能看到他们的身影，每次提问他们都会主动站起来，每次站起来都在刷存在感，久而久之，大家对他们的行为产生了抵触情绪。

刷存在感是渴望被认同、被肯定的表现，这本是人之常情，但过于依赖存在感就是一种自卑的表现，强者从不靠刷存在感来证明自己。

《天龙八部》第四十一回中，少林寺出现了一位扫地老僧。老僧平平无奇，在江湖中也无名号，但老僧一出手便将萧远山和慕容博两大绝世高手制服。

曾经有人把国学大师季羡林先生，比作这位武功卓绝的扫地老僧。有人这样描述季羡林老先生："在北大校园里，李先生经常穿一身洗得发白的咔叽布中山装，圆口布鞋，出门时提着一个50年代的人造革旧书包。他像一个工友，说话平常，总是面带笑容；他像一个老农，声音低沉，平易近人。"

正如身怀绝世武功的扫地老僧，看起来平淡无奇的季老学贯中西，更是被人称为"一代宗师"。一生培养了6000余名学生，其中30位成为我国驻外大使，但见过季老的人都说"没有半点架子""让人如沐春风"。

真正的强者就是这样，甘于以一种低调的姿态处世。他们内心充满自信，不用再去外界寻求。他们苦心经营自己，因为这才能真正提升自己的价值。

每个人都渴望强大，都渴望被别人认可，但这样的愿望得不到实现的时候，我们就拼命地刷存在感。

当我们在刷存在感的时候，是否曾静下来认真想过，之所以一直得不到别人的认可，是不是自己还不够优秀？而刷出来的存在感，并不能很好地证明我们是强大的，想要强大唯有苦心经营自己。

尼采的那句"是金子总会发光的"，总被我们放在嘴边。我们默认自己是金子，发光只是迟早的事，从没仔细反省一下，自己是否真的是一块金子？金子是在千淘万漉之后才获得的。在把自己默认为是一块金子的时候，想想自己是否真的经过了千淘万漉。

如果还没有做到那样的程度，我们需要静下心，好好地去提升自己。这条路没有捷径可言，刷出来的存在感就像地基不牢的楼房，稍微有点风吹雨打，就会濒临倒塌，唯有脚踏实地，自强不息。

或许你与周围的世界格格不入、或许你在学校平平无奇、或许你依然单身、或许你在工作中屡屡碰壁，但是这又如何？不必在意，那些你独自在图书馆、培训班里度过的时光，迟早有一天会让你惊艳世人。那一刻他们会大吃一惊，原来你这么优秀。

现在你要做的就是经营好自己，珍惜那些在图书馆的时光。工作中即便不顺心，也要投入更多的努力，渐渐地你越来越优秀，不再去刷存在感，别人的认可一步步向你走来。"你若盛开，蝴蝶自来！"

3. "睿智的战士不畏惧自己的泪水"，哭完再上路

每个人都是伴随着哭声来到这个世界的，哭是与生俱来的，它本是人的天性。

随着年龄的增长，我们似乎渐渐忘了什么时候应该哭，也忘了该怎样去哭。不知从什么时候开始，我们认为"哭"是孩子的专属，是不成熟的象征，长大了就不能再哭了。

我们觉得哭不仅是懦弱的，还是对亲人的一种折磨。父母会为我们的处境担忧，妻儿也会因此对生活失去信心，渐渐地我们失去了哭的能力。在生活面前，我们始终以一种近乎苟延残喘的状态在坚持。

长期的压抑导致我们濒临崩溃，有的时候眼泪已经在打转，但我们总是拼尽全力不让它流出来，不流泪就不算哭。

我们都是平凡的，有血有肉、有七情六欲，会快乐也会悲伤。哭是人类心理情绪的一种表达，亦是人类表达情感的一种方式。哭是情感达到饱和的一种自然流露，不论是谁，都不会把哭彻底忘掉，就像我们不会忘记呼吸，不会忘记心跳。

人的一生很长，要经历无数的磨难。我们会紧张，会焦虑，整个人仿佛行尸走肉，这时候我们需要哭泣，让眼泪尽情地流出来。心理学认为："人在悲伤时流出的眼泪是有益健康的，哭泣可以有效缓解人们因悲伤而产生的精神紧张。因此，悲伤时哭泣可以产生积极效应。"

有时我们会回过头来问自己："想哭吗？""真的不能哭

吗？"一首歌的歌词写道："男人哭吧哭吧不是罪，再强的人也有权利去疲惫，微笑背后若只剩心碎，做人何必撑得那么狼狈。"当我们累了，别忘了我们还有哭的权利，哭完才能更好地上路。

E 先生总被别人说酒品不好，因为他喝醉了喜欢哭。见过 E 先生喝醉后痛哭的人都会很惊讶，原来 E 先生不是真正地快乐。

无论在哪，E 先生自带一种欢乐的氛围，他身上的这种氛围会传染，有 E 先生的地方总是充满欢乐的。

一次偶然的机会，邀 E 先生到家里喝酒，E 先生没喝几杯就上头了，他开始和我推心置腹。当时我还笑他："两杯下肚就开始感慨了？"E 先生没听见似的继续说。渐渐地，我被 E 先生的话感染了，专心听起来。E 先生见我听得认真，他越说越伤心，最后竟然抱着我哭了起来，边说边哭，边哭边说，直到睡着了。

第二天，E 先生醒得比我早。昨晚的杯盘狼藉已经被他收拾了，当我在担心 E 先生还沉浸在昨晚的那些痛苦事上时，我发现 E 先生已经变回了平时的模样。

后来这样的经历有过几次后我发现，酒后痛哭竟然是 E 先生保持快乐的秘诀。E 先生并非只是装出一副很快乐的样子，E 先生的快乐是实实在在的。但再快乐的人也会有伤心的时候，E 先生伤了就会叫上一个朋友去喝酒，喝醉了就痛哭，哭完了一切烟消云散。

为了更好地摆脱心中的郁结，我们总选择各种方式去发泄，但我们却忽略了最直接、最有效的发泄方式——哭。

澳大利亚的一则反自杀公益广告，曾明确地鼓励男人哭出来。广告很简单、很直接，三个不同年龄层次的人对着镜头哭泣。

广告词是这样的："我们为什么总是让男孩不准哭？要变强？""如果你情绪低落，就说出来吧！因为沉默会杀人。""承受痛苦需要勇气，用心感受，勇敢地哭吧。"

这则广告是针对澳大利亚近年来自杀率不断上升而拍摄的，有些人会选择自杀，就是因为自己的情感受到压抑，不能很好地去表达。

天空中的乌云汇聚得多了就会以雨的形式降落，雨水会滋润世间万物，雨水过后便又是风和日丽。但如果乌云久积不散，最终汇聚成一场狂风暴雨，为大地带来的只有灾祸。

人的情绪也是这样，疲惫、伤心时便需要流泪。流泪并不代表懦弱，泪水是心灵的净化机，它能洗净心中所有的污垢，泪水所到之处无不焕然一新。而郁结就像脚上的泥土，只能成为我们前进道路上的拖累。

勇敢地流泪，真诚地表达。泪流过后，心灵接受了净化；泪流过后，心里的阴霾也散了，我们便能心无挂碍地开始新的征程。

4. 学会积极的心理暗示

那些日子里，风总是轻柔的，雨总是凉爽的，这是每天早上我都会对自己说的："美好的一天又要开始了！"

我们都有过这样的经历，半夜失眠了，辗转反侧，想尽一切办法去睡觉。告诉自己，无论如何都要尽快睡着，明天的事情很重要。强迫自己保持一个睡姿、强迫自己不要胡思乱想、强迫自己紧闭双眼均匀呼吸，最后失眠变本加厉。

有的时候，失眠来了，我们会告诉自己："这只是一种假象，没事的，过一会就睡着了。"结果不知不觉真的睡着了，第二天甚至会忘记昨晚有过失眠这回事。

积极的心理暗示就是这样神奇，虽然我们不明白它的缘由，但它实实在在存在着，并时时刻刻在我们身边发生。

意识仿佛一片园地，不悉心维护便会杂草丛生，一片荒芜。如果我们有意识地埋下积极的种子，长出的果实很可能是意外的惊喜。积极的心理暗示是一颗种子，抽芽开花之后会为我们带来美好。

有一个关于心理暗示的美丽神话。皮格马利翁是塞浦路斯的国王，同时还是一位技艺精湛的雕塑大师。他曾呕心沥血雕刻出一座可爱的少女塑像，从此他便每天盯着这座塑像，不知不觉竟爱上了这位塑像少女，并为它起了好听的名字，穿上了精美的衣物。

但皮格马利翁知道这只是一座雕塑，纵然自己爱得真诚，雕塑也是无法感受到的。皮格马利翁便乞求女神阿芙洛狄忒赐他一位如雕塑少女般美丽的妻子。

皮格马利翁的真诚感动了女神，他回到家后看到雕塑的皮肤竟渐渐有了血色，眼睛也散发出了光彩，雕塑少女活了。她深情款款地走向了皮格马利翁，之后这位少女便做了皮格马利翁的妻子。

后来心理学家便把因积极心理暗示而产生的一系列效应称

为"皮格马利翁效应"。

事实上，积极的心理暗示是一种自我正能量的传递。我们把诞生于潜意识里的正能量向自身传递，多次重复过后，我们被这种正能量所感染，最终作用于实际行动中。

"二战"爆发后，欧洲各国都遭到德国法西斯的侵犯而濒临灭亡。当时有一位比利时年轻人，试图利用电台号召全体同胞奋起抗击法西斯。

年轻人突发奇想，以字母"V"代表胜利的意思四处传递。他号召比利时同胞在德占区大量书写字母"V"，以传递抵抗到底的决心和终究会赢得胜利的信念。一时间，比利时大街小巷中字母"V"如雨后春笋般突然冒出，遍地皆是，甚至在德军军营都能看到大大的字母"V"。

之后字母"V"便在欧洲大陆流传开来，人们打招呼时，会用食指和中指比出"V"来互相鼓励，坚定彼此战斗下去的信念，就连英国首相丘吉尔也非常喜欢比"V"。

字母"V"为遍地是战火的欧洲大陆带来了一丝希望，它传递出的那股能量在不断壮大，越来越多的人因受到这股力量的感染而振奋，"V"像烈火般燎原，燃烧着德军的心灵防线。

后来德军败了，字母"V"在战时的寓意也正在被人们逐渐遗忘，但"V"代表胜利却流传了下来，我们开心时，拍照时都喜欢用手比出个"V"。

事实上，我们的意识并非是任性地随它喜好而变化。它就像个懵懂的孩子，给它灌输一些开心因素它便开心，反之灌输的是消极因素它便消极。我们掌握好灌输的方法，便可将它掌握在自己手里。

　　小孩子接受新事物有最佳时机，意识也有这个特性。早晨和晚上是意识最容易接受信息的时刻，每天睡觉前静静地躺在床上，跟自己对话，告诉他你是很棒的，你是独一无二的。早起上班前，对着镜子说："今天又是充满无限希望的一天，加油！"

　　除此之外，就像汽车预热一般，一件事情开始之前，对自己进行积极暗示也是很有效果的。当然，意识并没有那样听话，这就需要我们反反复复地去干预。

　　周一上午，昏昏沉沉，还没从周末的状态中过度出来。此时不要急着工作，梳理一下工作进度，整理一下办公桌，逐渐找回状态。

　　有不良情绪时，学会用一些小幽默和自嘲来将它化解。"笑"总是拥有神奇的作用，无论是自己笑，还是别人笑。就像古龙所说的："笑就像香水，不但能令自己芬芳，还能让别人快乐。"

　　必要的时候给自己积极的心理暗示，让自己笑，也许一切都会迎刃而解。

5. 人生就是要不断地折腾

　　我们都知道生命的可贵，但不知道应该怎样去珍惜生命。折腾自己，让生命充分燃烧，这便是对生命的珍惜。

　　生命本就是一个不断折腾的过程，刚出生便开始折腾自己的父母，上学后学会了折腾桌椅板凳、篮球足球。进入社会的折腾更是一发不可收拾，收敛点的在自己的办公桌上折腾，放

肆点的和一大群人一起折腾。男人忙着折腾自己的事业，女人
忙着折腾自己的脸蛋，生命就是因为折腾才更精彩。

折腾让人生充满无限的可能，2005 年从北京化工大学毕业
后，程维便进入了阿里巴巴旗下的 B2B 公司从事销售工作，因
为业绩出色，6 年后他被提升为区域经理，成为阿里巴巴 B2B
部门最年轻的区域经理。

同年，程维升任支付宝 B2C 事业部副总经理。可以说程维
的事业正处于稳定上升期，前途一片光明，但程维决定不干了。

2012 年程维辞职，选择独自创业，当时身边的人表示不理
解，好好的工作为什么不干了，阿里巴巴可是多少人想去都去
不了的大平台。要薪酬有薪酬，要面子有面子，你瞎折腾什么！

程维并不因为这些因素而改变自己的决定，创业说干就干。
2012 年 6 月，程维创立小桔科技，公司的创业项目是做智能出
行的打车软件——滴滴打车。

之后又经过了各种各样的折腾，程维的滴滴打车获得了极
大成功。

生命的开始每个人都一样，后来人与人变得不一样了，变
得有了差别，甚至变得天壤之别，这就是因为折腾。不甘平庸，
不甘恍恍惚惚度过一生就要去折腾，机会是折腾出来的，机遇
总是留给敢去折腾的人。

有一首歌就叫《生命在于折腾》，歌曲中有这样一句台词：
"生命在于折腾，没有不安和躁动，就不会有梦。"梦想每个人
都有，如果不去折腾，它只能在脑海中浮现，转瞬即逝，折腾
便有可能让它实现。

有的人想去折腾，但看着镜子里的自己，他犹豫了。已经

30 多岁了，孩子都好几岁了，父母的身体也不如以前硬朗了，家庭的压力仿佛一下子都压到了他身上，于是他问自己："我还折腾得动吗？我还敢去折腾吗？"

想折腾，什么时候都不算晚！

敬一丹从北京广播学院（今天的中国传媒大学）毕业后，曾两次报考本校的研究生，都没能考上。当时很多朋友劝她，都 29 岁了，就别再折腾了。但母亲尊重她的想法，对她说："人的命运掌握在自己手里，真要想改变自己，什么时候都不晚。"

在参加了第三次考试后，敬一丹考上了，她的人生也随之变得不一样。

三年的研究生学习，敬一丹获得了留校任教的机会，在当时，这是让多少人羡慕的工作。工作体面，薪资满意，这是多少人梦寐以求的生活。

但是敬一丹选择了报考央视经济部的主持人，经过一系列的考核，她成功地考上了，那时她已经 33 岁了。这时她又面临了选择，做大学老师还是主持人，大学老师的优势已经很明显，但是做主持人却充满了未知，她又没有年轻这个至关重要的优势。

最后她还是选择了做主持人，在生命中，她又折腾了一次。

无论在哪个行业，一个 33 岁的人最起码不再是菜鸟，有的甚至已经小有成就，但敬一丹要从头开始。中央电视台的竞争是很激烈的，为此她必须付出多于常人的时间和精力，经过一番努力，她在中央电视台终于有了一席之地。

敬一丹在转投《焦点访谈》的时候已经 40 岁了，和她一起奋斗的是白岩松、水均益，但是在敬一丹眼里，他们还是年轻人。她也曾焦虑过，但她明白自己是有优势的："智慧、修养是我的本钱。"

2015 年 4 月底，敬一丹正式退休，随后她又开始了在教育事业上的折腾。

高晓松的这句歌词广为流传："生活不止眼前的苟且，还有诗和远方的田野。"折腾便是向远方进发，如果远方有梦想在吸引着你，那就去折腾。如果你对眼前的苟且心怀不甘，也要去折腾。

有人说："35 岁以前要敢折腾，35 岁之后不能瞎折腾。"折腾固然要讲求一定的策略，需要在理性地思考之后去做，但这并不是说折腾要慎之又慎，甚至放弃折腾，折腾就要放开手，大胆去做。

如果不折腾生命还有什么意义，生命不折腾还谈什么精彩，折腾是对梦想的负责，也是对自己的负责，更是对生命的尊重。

6. 创伤后，唤醒身体的复原力

人生是一场漫长的修炼，一边受伤，一边坚强。每个身体中都潜藏着强大的复原力，相信它的存在，它让我们受伤后变得更坚强。

老刘是新闻工作者，已经是知天命的年纪，却仍保持着年轻人才有的活力。有的时候愤世嫉俗，永远对新鲜事物充满好奇心，跟任何人都能大大咧咧地开玩笑，但老同事都知道，老刘经历过常人难以想象的苦难。

老刘 22 岁来到报社，至今已 30 多年，文思敏捷，拥有极强的业务能力，在报社首屈一指，却从未被提名主编。又先后经历了数次人事调整，被嫉妒过，也被诬陷过，这使他失去了一些好朋友、好同事。

老刘的家庭也充满了不幸，先是他自己 28 岁外出采访时，被深山里的毒蛇咬伤休克，一度陷入死亡的危机；两个孩子一个患有先天性的疾病，生活不能自理，另一个死于车祸。

老刘经历了如此多的磨难，也正是因为他经历的这些磨难，让老刘比同龄人看起来要精力充沛得多，他永远不会被什么磨难打倒，永远对生命充满热情。

就算升职无望，他照样能在编辑部里耐心地带新来的实习生，午饭时照样大谈他年轻时离奇的采访经历。

面对这样多的磨难，并不是所有人都如老刘一般坚韧，很多人在这样的压力下精神崩溃，陷入长期的抑郁，或是从此对生活失去了信心，开始自暴自弃。

其实这是一种被叫做"复原力"的东西在作祟。

复原力指的是个体面对逆境、创伤、悲剧、威胁或其他重大压力的良好适应过程，也就是对困难经历的反弹能力。复原力是每个人都有的，但强弱不同，值得庆幸的是复原力可以通过后天人为的努力来提升。

复原力是我们在经历种种创伤时被唤醒的，这些创伤让我们的复原力越来越强大。生活总有各种各样的不确定，总是来得毫无征兆，它们的到来对我们的忍受力和伦理底线提出了挑战。

对于复原力而言，忍受力和坚守底线至关重要。因为复原都是建立在能忍受和道德伦理的底线不被突破的基础上的。在此基础上，复原力体现在以下三点上。

首先，是接受并战胜现实的能力，当一些危机来临时，我们必须正视它的到来，正视它才可以去认识它、了解它，这样才不会心存侥幸。

"9·11"发生前，著名投资银行摩根士丹利在世界贸易中心有 2700 名员工。第一架飞机撞上大楼后，员工开始撤离，第二架飞机撞来时撤离已经完毕。尽管办公室遭到了直面撞击，但他们仅失去了 7 名员工。这与公司第一时间直面灾难有关，正视它才有机会去寻求解决的方法。

其次，是在危急时刻寻找生活真谛的能力。

1994 洛杉矶大地震中，丈夫安顿好妻子后，冲向学校去救儿子。他来到学校附近发现学校早已变成一片废墟，不少家长因失去孩子跪在地上痛哭。绝望之际他想起常常跟儿子说的一句话："不论发生什么，我总会跟你在一起！"他便在废墟中寻找儿子，消防队员劝他理智，但他并不放弃。最后在经过 36 小时的挖掘后，他救出了儿子，以及同被埋在水泥之下的 14 个同学。在经历磨难时，支撑我们坚持下去的往往就是那一丝生命的真谛。

最后，是随机应变想出解决办法的能力。找到解决办法是复原力的最终表现，在这之前一切的努力都是在为这个目标服务。

篮球比赛中常常会看到这样的镜头：篮球运动员高高跳起，但被防守队员犯规拉下，身体已经失去了平衡，但这位运动员仍旧以高难度的动作把球投进了篮筐。篮球运动员在跳起来时没想到会遇到这样的防守，但他仍旧在身体失衡的情况下把球投进了篮筐，并且这一切都发生在刹那间，这就需要很好的随机应变能力，它便是复原力的一种表现。

提升复原力没有演习，只有实战，经历创伤是提升复原力最好的方法。

网络泡沫破灭时期，一对美国夫妇同时失业了，因为整体经济下行，他们没有找到新的工作，妻子不得不在一家餐厅打工以维持生活。

生活的压力，以前所未有的狠姿态一下压到夫妻二人身上。两人开始出现种种摩擦，摩擦又升级成矛盾。夫妻俩每天做的最多的一件事就是互相抱怨、吵架，后来甚至萌生了离婚的念头。

冷静下来的妻子对着镜子说："我非常爱我的丈夫，也非常爱这个家庭，我要挽救它。"从此妻子便开始了各种各样的尝试。看到妻子的变化，丈夫也开始收敛自己的坏情绪，家庭氛围渐渐转好，生活也逐步走出寒冬。

但是生活并不会就这样让你轻易通过考核，后来的日子里也会出现各种各样的危机，但有了之前的经历，所有的危机都顺利地度过了。

人生就像一场舞蹈演出，既然开场了就要让它继续下去。有时会摔倒，但是站起来后你要更加自信、更加优秀，这样才能让这场演出精彩下去。

7. 做一个不随波逐流的人

这个世上人来人往，浩浩荡荡，穿行在人海之中，浮沉与社会之上，从来都不缺随波逐流，庸庸碌碌的人。他们卑躬屈膝，趋炎附势，为了达到目的丢掉了自我，这些人是可悲的。做一个独立的人，不随波逐流，像屈原说的那样"苏世独立，横而不流"。

燕子和几个女同事在外出差，当地以购物和奢侈品闻名，闲时同事相邀去购物，燕子只好跟着大家一起去逛街。

整条街都是国际大牌，精美诱人的商品让燕子和同事们眼花缭乱，兴奋地难以表达。一圈逛下来同事们都左拎右提，大兜小兜，等到手里满了、钱包空了，同事们才发现燕子双手空空，什么都没买。

同事们纷纷劝燕子好不容易来一次，不买多可惜。燕子说："我工资那么少，这里的东西都挺贵的，我觉得有点不值。"

这个同事说："咱们是女人，女人挣钱不就是让自己花嘛，自己都对自己不大方谁还会对你大方。"

那个同事说："女人嘛，要对钱包狠一点，对自己好一点，钱不够还有信用卡，你的薪水也足够还了，别担心，活人还能饿死？"

还有一个同事说："明天客户在某高档餐厅请咱们几个吃饭，总不能就这样寒酸地去赴宴吧，别人都妆容精致满身名牌的，咱们几个衣衫褴褛挤在一起多尴尬。"

同事们七嘴八舌地说了一通，燕子就动摇了，用了足足两个月的薪水买了一件名牌服装。

出差结束，几个同事回到公司，又回归了平静的生活。这时燕子试图把那件名牌衣服穿出来，但走在街上、公司里都觉得特别突兀，况且衣服的款式和自己平时的穿衣风格完全不是一路，燕子只好把它丢进衣柜中。

衣服不喜欢可以不穿，但那两个月的薪水燕子却用很长时间的省吃俭用，持续加班才还清，期间还错过了一趟谋划良久，也期待很久的旅行。

我们曾无数次地在随大流和不入流之间徘徊，很多时候徘徊的原因是随大流会让自己不开心，不随大流会让别人不开心，还会被扣上一顶"不合群"的帽子，受人冷眼相对。

我们往往清楚地意识到什么才是自己想要的，但为一些条件所迫，不得不放弃自己去成全别人。就这样一步步地丢掉了自己的色彩，让自己变成了透明色，隐没在花花绿绿的世界。

但是，这个世界真正需要的是敢于逆流而上的人，敢于出彩的人。

一位画师从乡村来到艺术殿堂——巴黎，为了生存下去，他被迫迎合当时人们的口味——画裸体画。裸体画是当时卖得最好的画。

某天傍晚，他独自漫步街头，在一个专卖画作的店铺前，他停下了脚步。店铺明亮的橱窗中陈列着他的新作，是一幅少女裸体画，两位店铺的顾客走到橱窗前指着他的画作议论了起来。

一个人说："简直糟糕透顶，这样的作品也能拿出来卖吗?"另一个人马上应和道:"他只会画裸女,我从没见过他其他素材的作品,也许他的才华仅限于此吧!"

画师听完二人的对话很痛苦,为了避免被认出,他拉低帽檐悄悄地离开了。回到家后他决定不再跟风,他要离开巴黎,回到乡村去。

很快他就移居巴黎附近的乡村,这里的生活极其艰辛。因为不再画裸体画所以入不敷出,他只能用自己烧制的木炭画素描,他的画作还经常遭到资产阶级文人的抨击。他一面创作,一面艰苦地应对生活,还要与那些文人作斗争。

后来他的作品震惊了整个美术界,甚至影响了世界美术史,很多人到他居住的地方来寻找灵感,从而形成了著名的艺术流派——巴比松画派。他就是巴比松画派代表米勒,在这里他留下了一系列传世佳作《播种》《拾穗者》《扶锄的人》等。

在这个竞争激烈的社会里,我们总是缺乏安全感。投入浩瀚人海追随大众,让自己不再势单力薄,我们认为这样就能"不吃亏",我们跟着别人到超市疯狂抢购,拼命囤货,跟着别人报考各种证书,最终发现那些随大流的举动是多么可笑。

人最怕的就是浑浑噩噩地被别人牵着鼻子走,大胆去做一个"众人皆醉我独醒"的人,即便与所有人都不同也没关系。每个人天生就带着不同的色彩,这是个人的价值所在。丢掉了自己的色彩,便失去了自己最大的价值,你的人生将成为汪洋大海中的一滴水,不会激起半点波浪。

8. 你永远有选择更好的权利

蔡康永和男友已经交往了20余年，二人感情胜过了一般的老夫老妻。曾有媒体问及结婚事宜，他说完全可以到允许"同志"合法结婚的国家去，但他没有。他说："我们对伴侣的定义没有那么狭窄。"

蔡康永"同志"的身份是在2002年接受李敖的访谈时曝光的，他的男友叫刘坤龙，出身豪门旺族，身高180厘米，文艺气息浓重，有留学经历。二人相识于1994年，直到现在，关系一直很好。

2004年二人在台北一起看房子，被媒体曝光，并认为二人要结婚。但刘坤龙表示买房子只是蔡康永个人的事，与结婚无关，并透露二人目前没有结婚的打算。

2005年4月9日，刘坤龙携男友蔡康永亮相国宾饭店，为台湾著名主持人小S加油。此次亮相以后，二人频频出现在公众场合。一时间媒体纷纷猜测二人将要结婚，蔡康永却站出来表示："受限于台湾民情，暂时不会考虑结婚。"

选择同性伴侣，选择不结婚这一切都是蔡康永的选择。正如他说过的："每个人都有一些选择的权利，选择和被选一样重要。选择你爱的人，是给你自己一个伤口，但选择爱你的人是给你一副盔甲，所以，一切又都没那么重要。"

年轻时总想着用自己的观点去说服别人，改变别人。直到有一天，和一个朋友坐在一起聊天。他说："同一件事情，每个人会有每个人的做法，你为什么老喜欢用自己的方法去改变别人，每个人都不一样难道不好吗？"

听完朋友的话，我脑子里翻起巨浪。是啊，每个人都是自由的，每个人都有选择的权利，我为什么总喜欢去干涉别人呢？

生活不是考试做题，不存在选项的限制，更没有标准答案一说。每个人生而独立自由，人生是一张白纸，你可以尽情创作。你是画家可以把它当作画布，你是书法家，这就是宣纸，你是艺术家，白纸在你手里可以变成折纸艺术。人生究竟是什么完全由你来决定，选择的权利每个人都有。

生活是多彩的，每一种选择都值得去尊重，每一种生活都值得去肯定，每一个人都有选择更好的权利。

曾经在微博上看过一则名为《你有选择快乐的权利》的 TED 演讲视频，其实视频的主标题是"世界最丑的女人 TED 演讲"，我是怀着好奇心点开这个视频的。

站在台上不卑不亢，娓娓道来的是一位瘦得近乎只剩下骨头的外国女子。她叫 Lizzie Velasquez，身高 157 厘米，体重却只有 27 公斤。她身患一种被称为"马方综合症"的怪病，身体无法储存脂肪，每天需要吃 60 顿饭，全世界也仅三人患这种怪病。

17 岁的某个下午，她在网上看到一则视频，视频的题目就是"世界最丑的女人"，视频中的主角当然就是她本人。整个视频没有任何声音，时长仅 8 秒钟，但点击量却超过了 400 万次。

视频下方的评论像一把把尖锐的刀子，一次次割在她的心头。有的人甚至说："你为什么不去自杀。"面对这样的攻击她痛不欲生，Lizzie 不明白，为什么对于她的遭遇世人没有一丝的同情。

她花了很长的时间、很大的勇气才重新站了起来。她学着进入到别人的世界，坦然接受那些异样的目光，并大大方方地和对方说："请不要这样看着我。"她决定变得优秀，让别人不再拿异样的眼光看她。她说："我不准备让那些盯着我看的人、说我丑的人，说我将一事无成，他们不会看不起我，他们不会赢。"

大学第一年她就出版了第一本书，书的名字叫《Lizzie is Beautiful》，这本书以英语和西班牙语两种语言发行，2015 年 10 月她又出版了她的第二本书。

她说："我现在所做的事情，不只是为我的眼泪寻求庇护，我选择快乐。我意识到，这种综合症不是问题，而是一种祝福，这让我能够提升自己，激励他人。"

美国的《独立宣言》中有这样一句话："一切人生而平等，人们有生存、自由和追求幸福等权利。"在命运的选择面前，我们每个人都是平等的，都拥有选择的权利，都有权利选择更好的生活，也有权利选择变成更好的自己。

现实的残酷，并不能剥夺我们选择更好的权利，就像许巍在《蓝莲花》中唱到的那样："没有什么能够阻挡，你对自由的向往，天马星空的生涯，你的心了无牵挂。"

9. 有主见，唯一值得在乎的是你自己的想法

拿破仑说："如果你让别人来决定你的人生，你的内心永远不会感到踏实。"一直以来，我们都活在团体的社会里，学会

了"集思广益"。与此同时也渐渐地丢失了自己的主见，一旦遇到事情我们唯唯诺诺，寸步难行。凡事心中常有个指南针，任凭外面大风大浪，我自巍然不动。

三国时期，著名的官渡之战后曹操大败袁绍，不久袁绍就死去。曹操乘胜追击，出兵讨伐袁绍的三个儿子袁谭、袁熙、袁尚，所向披靡。此时曹营的文武官员都建议趁着士气大作，一举歼灭残留的敌人，年轻的谋士郭嘉力排众议认为应该退兵，休养生息，让他们自相残杀。

曹操最终采纳了郭嘉的建议，向南作攻击刘表之势。果不其然，袁谭和袁尚为争夺冀州开战，袁谭落败出走平原，并派人向曹操求降。曹操趁机进攻邺城，击退袁尚，不久又击败了袁谭，封郭嘉为"洧阳亭侯"。

从邺城逃走的袁尚又跑到乌桓，很多人劝曹操乌桓这个地方贫穷偏僻，不必兴兵讨伐。这时郭嘉又提出不同的意见，他认为袁氏父子对乌桓人有恩，是乌桓旧主，放任袁尚远逃乌桓会有后顾之忧，终有一天他会东山再起。

此时曹操正在谋划对南方用兵，袁尚一旦兴兵，曹操则腹背受敌，必须斩草除根，防患于未然。此时又有人说南方的刘表可能会派刘备偷袭许都，郭嘉却认为刘表和刘备看似和而实不和，不会掀起大的风浪，此时用兵的重点还要放在歼灭袁绍残余势力。

曹操又一次采纳了郭嘉的建议，迅速发兵乌桓，一路追杀袁尚。袁尚和袁熙节节败退，投奔了辽东太守公孙康，公孙康将二人杀死并表示愿意归附曹操，自此北方被曹操所统一。

学会倾听与接纳很重要，它可以弥补个人存在的种种缺陷。

在人生道路上，它可以让我们通过借鉴别人的经验而少走很多弯路，但提建议的人多了难免出现"各是其所是，非其所非"，意见难以达成一致。

凡事心中有杆权衡利弊的秤，斤两自在心中。以自己为主，把别人的意见仅当作一种参考，分清主次，听出话外之音，做到别人的建议为我所用，却又不能完全左右我的选择，这样我们的人生才能牢牢地掌控在自己的手中。

爷孙二人牵着毛驴出门赶集，刚走到村口，就听见了村里人的哄笑声："这祖孙二人脑子不灵光，牵着驴子却不知道骑。"爷爷听罢，转念一想，村里人说得对，他便让孙子骑上了毛驴。

没走多久，路上迎面走来一个路人，他见了祖孙二人便破口大骂："这当孙子的没良心，让老人家牵着驴，你倒好优哉游哉地骑着驴去赶集。"孙子听了心中难受，便让爷爷骑上毛驴。

祖孙俩又走了一阵，路上的行人渐渐多了，他们听见路人对他们指指点点："这爷爷真狠心，自己骑着驴子却忍心让这么小的孙子走路。"祖孙俩听了这话面面相觑，不知该如何是好。

二人思索毛驴不骑也不是，二人分开骑也不是，可这小小毛驴也承受不住两人的重量，这可怎么办？

祖孙俩商量许久，最终决定要想让别人不说闲话，只能让驴子骑他俩。两人四处找来绳子和扁担，把驴子绑了吊在中间，祖孙二人一人一端，抬着驴子向集市走去……

老话常说"墙头草，随风倒"，没主见的人就像一颗长在墙头上的小草，风往哪里吹它就往哪里倒。别人做什么他也跟着做什么，别人说什么他也跟着说什么，没有自己的目标也没有自己的方向。

这样的人在生活中遇事慌慌张张，手忙脚乱。首先想到的是向别人寻求帮助，我们难以向他们委以重任。工作中他们效率低下，左右摇摆，别人的意见左右了他们的决定，因为自己没了主心骨，所以他们每走一步都心中充满了不安。

学会独立思考，做一个有主见的人。遇到事情要认真地去思考，权衡利弊要靠着自己去完成。自己不明白的，要去听取别人的意见，在别人的意见里分清优劣、主次，选择那些足够优秀的建议去采用。

勇于去承担起事情背后的责任，我的事情我要负责到底。很多没有主见的人，就是害怕承担责任，遇到事情总想着让别人帮着作决定，这样风险也被别人分去了一部分。却不知有的时候责任也是价值所在，推掉了责任也就失去了自身的价值。

做人要有主见，不自负也不随风倒，明确自己最真实的想法，果断坚决，一以贯之。做事要有主见，尊重事实，不唯上，不唯书，不唯悠悠众人之口，只唯实，要集思广益也要拿定主意勇往直前。